JN252020

地域環境戦略としての
充足型社会システムへの転換

竹内 恒夫

清水弘文堂書房

はじめに

1980年代末から、資源・エネルギーの大量消費に起因する地球温暖化問題、ごみ問題、熱帯林など生物資源の荒廃問題などが喫緊の課題になり、低炭素社会、循環型社会、自然共生社会が目指されるようになった。ISO14001の認証取得などがブームになり、また、市民・事業者などの「参加・協働」によるリサイクル、省エネ、グリーン家電への買替促進などの取り組みが進められ、あるいは、エコカー、太陽光発電などをエンジンとする「グリーン成長」が目指された。

しかし、ゼロ成長、人口減少が定着しても代表的な環境負荷であるCO_2排出量は減らない。減らないどころか、1990年代末以降目論見どおりに原発の新増設ができず、また、2003年以降には既存の原発の稼働率が低下し、そして2011年には福島第一原発事故が起こるといったように、原発に依存した温暖化対策が破綻し、リーマンショック時（2008～2009年）を除き、この国のCO_2はいまだに増加しているのである。

また、天然資源（金属系、バイオマス系、化石系、土石など非金属鉱物系）の消費量は1990年以降減少してきているものの、減少量のほとんどは公共事業の減少に伴う土石など非金属鉱物系の消費量の減少である。

1990年代以降の市民・事業者などの「参加・協働」によるリサイクル、省エネなどの環境取り組みの意向やISO14001などの「自主的」な取り組みの仕組みの件数などを検証してみると、いまや、これらは「飽和」状態であり、また、人々は「環境疲れ」状態であり、「環境の取り組みをしたくない」層が急増しているのである。

また、目指された「グリーン成長」はいまや「大失速」状態である。「グリーン成長」の「エンジン」である環境ビジネス・環境産業の市場規模はエコカーなどの温暖化対策の分野を除き既にピークを過ぎ、また、全分野で「供給過剰」と捉える向きが多くなってきた。そして、主力「エンジン」の太陽光発電は輸入が6割以上を占めるようになってきた。

「環境疲れ」や「グリーン成長」の大失速の原因は何か。一言で言うとこうだ。

原発に依存した温暖化対策の破綻に起因するCO_2削減の家庭や職場へのしわ寄せが「環境疲れ」をもたらし、そして、「脱原発」という最大の「エンジン」を放棄したことが「グリーン成長」を大失速させたのである。

ところで、ドイツやスイスの環境学者は、環境戦略には、「効率戦略」、「代替戦略」そして「充足戦略」があるとしている。

CO_2排出削減策の例で見ると、エネルギー効率の高い自動車・電気製品・建物などに買い替えることが「効率戦略」であり、化石燃料による発電から原子力、再生可能エネルギーによる発電に代替することが「代替戦略」であり、自動車・電気製品などの台数や利用時間といった「活動量」を少なくすることが「充足戦略」である。

「効率戦略」、「代替戦略」は、「活動量」の「成長」を前提として、その中で効率や代替を追求する戦略である。一方、「充足戦略」は「活動量」そのものの抑制・減少を追求する戦略である。

これまでの環境の取り組みのほとんどが「効率戦略」や「代替戦略」である。しかし、「効率戦略」は「リバウンド効果」を伴い、エコカー、グリーン家電などへの買替促進は製品廃棄物の増大をもたらす。また、前述のように「代替戦略」のひとつである原発に依存した温暖化対策は破綻した。さらに、「効率戦略」や「代替戦略」によって「グリーン成長」を目指したが、失速した。

この国では、「参加・協働」の下に「活動量」そのものの抑制も目指された。特に、前述のように、原発が目論見どおりに新増設されないことがわかってきた2005年頃から、「欲しがりません京都議定書の目標が達成されるまでは」と言わんばかりの家庭や職場における省エネの大キャンペーン・国民運動が展開され、国民・市民の「環境疲れ」をもたらし、また、自治体の環境の取り組みの多くが市民に「丸投げ」された結果、「環境に取り組みたくない」人々を増加させている。

「ライフスタイルの変更」、「消費者は被害者であり、加害者でもある」、「環境に取り組まない企業は生き残れない」などと言って、個々人の生活や事業活動に対して、自主的な我慢、禁欲、あきらめなどを求めるという方法には無理があると言わざるを得ない。

筆者は、「充足戦略」とは、こうした自主的な我慢などを求めることではなく、「結果として活動量が減るような『社会システム』」をつくっていくことであると考える。

あるドイツの環境学者は、「効率戦略」は「より少ない資源で一定のサービスを得ること」であり、「充足戦略」は「より少ないサービスで一定のしあわせ・効用を得ること」であるとしている。

この理解を敷衍(ふえん)してみると、例えば、職住近接（あるいはコンパクトシティ）であれば、移動というサービス（活動量）が少なくても生活と仕事が両立でき、幸せを得ることができる。

また、モノをリユースすることで、新しいモノの生産というサービス（活動量）の追加を伴うことなく、モノの効用を享受することができる。

そして、地域の再生可能エネルギーやコジェネレーションなどを活用して地域内で必要な電気・熱をつくり、それらを地域内で消費することによって、遠方の原発や石炭火力における転換損失に伴う余計な一次エネルギーを消費する発電というサービス（活動量）がなくても、エンドユースに適した電気や熱の利用を享受できる。

いずれの例でも、サービス（活動量）の減少に伴いCO_2などの環境負荷が低減する。

本書では、ゼロ成長や人口減少が定着してもCO_2排出量や資源消費量が減らないこの国では、この「充足」型の社会システム、特に「充足」型のエネルギー地産「地消」のシステムに転換していくことによって、CO_2削減だけでなく、エネルギー・レジリエンスの向上、地域への資金還流などの地域創生が実現することを示す。

この国では、1960年代、70年代には各地に激しい公害による被害があり、環境汚染に対する排出規制・処理施設の設置といった「エンド・オブ・パイプ」の対応によって、70年代末までには各地の汚染は大いに改善した。これを環境取り組みの「第1ラウンド」と呼ぶとすると、「環境の失われた10年」(80年代)を経て、80年代末からの資源・エネルギーの大量消費に起因する地球温暖化問題、廃棄物・資源問題などへの取り組みは「第2ランウンド」といえる。「第2ランウンド」では、「エコ」をキーワードとして「効率戦略」、「グリーン成長戦略」などが全面的に開花し、特に、地域では「参加・協働」路線が展開された。しかし、「第2ランウンド」は、さしたる環境・資源上の成果もなく、「環境疲れ」だけを遺して、すでに終わってしまった。

「第1ラウンド」は、被害も取り組みも地域が主役であった。地域の環境戦略が成功したのであり、世界からも注目された。しかし、「第2ラウンド」の取り組みについては、国にも地域にも戦略がなく、国は自治体に丸投げし、自治体は市民・事業者に丸投げしたのである。

およそ環境の取り組みは、「第1ラウンド」が成功したように、地域が主役にならなければならない。そのためには、地域が環境戦略を持たなくてはならない。

本書は、地域の環境戦略として「結果として活動量を減らす充足型の社会システムへの転換」を提案するものである。

本書が、「第2ラウンド」が終了し、4半世紀ぶりに閉塞状態に陥っているこの国の環境取り組みにとって、何がしかの示唆になれば幸いである。

目次

地域環境戦略としての
充足型社会システムへの転換

竹内 恒夫

第1章

失敗だった「参加・協働」、「グリーン成長」戦略 そして「原子力依存型」温暖化対策

1990年代以降の市民・事業者などの「参加・協働」によるリサイクル、省エネなどの「自主的」な環境取り組みの意向やISO14001などの仕組みの件数などを検証してみると、いまや、これらは「飽和」状態、「環境疲れ」状態であり、逆に「環境の取り組みをしたくない」人々が急増している。また、目指された「グリーン成長」はいまや「大失速」状態である。「グリーン成長」の「エンジン」である環境ビジネス・環境産業の市場規模はエコカーなどの温暖化対策の分野を除き既にピークは過ぎ、また、全分野で「供給過剰」と捉える向きが多くなってきた。そして、原子力依存型の地球温暖化対策は破綻した。本章では、これらを検証するとともに、その原因を探る。

第１節　「環境の取り組み」は閉塞状態に

1　飽和状態に達した半官製・商業主義の「エコ」

①　この国の「エコ」

かつて、1960年代から80年代初めにかけて、多くの先進工業国、特に、この国において身近にあった大気汚染、川や海の汚染などは、健康被害をもたらすリアリティある大問題であった。その頃、この国では、公害があるところには被害者を中心とした住民運動・地域闘争が起き、それが企業や行政の公害対策へとつながった。公害の状況が改善すると、多くの住民運動は終息した。当時、アメリカの社会学者は、日本各地の住民運動を調査し、運動・活動自身には高い評価を与えたが、日本の住民運動は、公害による自分たちの被害のことだけが関心ごとであって、「エコロジー」の視点がない、「地球」のことを考えていないなどの批判をしていた[1]。

そのアメリカでは、1960年代からエコロジー運動が進展していた。アメリカの「エコ」は、「豊かな社会」の中での反抗運動であった。こうした背景もあり、アメリカでは、1970年頃には国家環境政策法（NEPA）、環境保護庁（EPA）などの環境対策の制度・体制が整備された。NEPAに基づく最初の環境白書[2]では、環境汚染だけでなく、早くも気候変動、生物多様性などの地球的規模の問題が扱われていたのである。

また、ヨーロッパ、特に西ドイツでは、アメリカから約10年遅れて、1970年代半ばからエコロジー運動、オルタナティブ運動が起こった。当時のドイツの「エコ」は、石油危機後の経済停滞下、大量失業時代における若者たちの自助活動

---

[1]　ノリ・ハドル、『夢の島　公害から見た日本』、サイマル出版会、1975年。

[2]　『Quality of the Environment』1970年。

でもあった。「発展とは何か」、「人間の進歩とは何か」を問うところから原発と向き合い、原発に反対する者はバイオガス利用などを実践し、高速道路建設に反対する者は自転車を利用し、ごみの埋め立てに反対する者はリサイクルを始め、そうした市民プロジェクトに融資する「エコバンク」ができ……。彼らは、新しい価値観・生き方・働き方を模索した。アメリカ人作家アーネスト・カレンバックの『エコトピア国の出現』やミハエル・エンデの『モモ』が彼らのバイブル的存在であった。西ドイツでは1983年の連邦議会選挙でオルタナティブな人々による「緑の党」が議席を得ることに成功した。1980年代半ばになると、『グリーンコンシューマーガイド』（英国）、『エコの作法』（西ドイツ）などの出版物がベストセラー入りした。これらは、暮らしの中のオルタナティブを示した。

この国の「エコ」は、冷戦終焉後の世界的な「地球環境」への取り組みと歩調を合わせてブームになった。「21世紀は環境の時代」とも言われた。

1980年代末からの「地球環境」は、地球的な「時代精神」であったと言ってもよい。

はじめに「地球環境」=「エコ」に敏感に反応したのは、企業、特に大企業だった。1992年のリオデジャネイロでの地球サミットのモーリス・ストロング事務局長は、その準備段階から「エコ産業革命」を唱え、世界の大企業は「持続可能な発展のためのビジネスカウンシル」（BCSD、現在はWBCSD）を設立した。1991年にBCSDは企業の「自主的」な取り組みといえども国際的な共通のルールをつくる必要があるということで、国際標準化機構（ISO）に環境取り組みの規格づくりを要請した。ISO14000シリーズである。日本の経団連（平岩外四会長）は世界に先駆けて1991年に「経団連地球環境憲章」を制定した。

この国では、「エコ」という言葉は、1989年に登場した「ちきゅうにやさしい」商品を推奨する「エコマーク」をきっかけに人口に膾炙されるようになったこともあり、まず、「エコ」は「ちきゅうにやさしい」モノやサービスを提供したり、利用したりする行動を指した。そして、家庭や職場で、紙などのごみを分別・リサイクルしたり、省エネに心がけたりすることへと広がった。

第1章
第2章
第3章

企業にとっての「エコ」は、それまでの公害対策と趣を異にし、製品、生産工程などにおける省資源・省エネルギー・低汚染への自主的な「配慮」、さらに、「エコ」な商品やサービスの「ビジネス化」を意味した。

「エコ」は、人々には「環境にやさしい」ライフスタイルを提案し、企業には自主的な「環境配慮」を促し、ビジネスチャンスを約束した。

次々に、「エコ」が登場した。エコライフ、エコタウン、エコシティ、エコビレッジ、エコオフィス、エコクラブ、エコビジネス、エコファンド、エコテクノロジー、エコデザイン、エコプロダクツ、エコマテリアル、エコバッグ、エコクッキング、エコカー、エコ住宅、エコリフォーム、エコショップ、エコ事業所、エコタイヤ、エコキュート、エコジョーズ、エコウィル、エコセメント、エコドライブ、エコアクション、エコ切符、エコ通勤、エコモビリティ、エコ割、エコチャンネル、エコスクール、エコミュージアム、エコリーグ、エコキャンパス、エコツーリズム、エコマネー、エコポイント、エコキャップ、エコ検定、エコピープル、エコまち法……といった具合だ。

なんだか「山川草木悉皆成仏」ではないが、森羅万象に「エコ」が宿るというわけだ。

よく見ると、ほとんどが半ば官製の仕組みの名称であり、あるいは商品名である。

この国の「エコ」は、エコロジー運動やオルタナティブ運動から出発したのではなく、半ば「官製」であり、かつ、「商業主義」の中でにわかに1990年代初頭に登場し、蔓延したのである。

② 半官製・商業主義の「エコ」はピークを過ぎた

この国の「エコ」の動向をいくつかの「エコ」に関連する仕組みなどの件数の変化で追ってみる。

この国での「エコ」という言葉のきっかけとなった「エコマーク」は、1989年4月1日（初めて消費税が導入された日）に、フロンガスを噴射剤として使わないスプレー製品、100%古紙のトイレットペーパー、ステイオンタブの飲料缶などを第1次の対象品目として始まった。西ドイツ（当時）のブルーエンジェルマークに次いで世界で2番目に導入された環境ラベルである。しかし、エコマークの認定商品数（累計）は、近年は少し持ち直してきているものの（2014年12月末には5,453商品）、2003年12月末をピーク（5,673商品）に減少してきている。契約企業数も2003年12月末をピーク（1,902企業）に減少傾向（2014年12月末には1,627企業）にある[3]。

エコマークは、環境配慮による商品の「差別化」を狙った仕組みである。1990年代半ばには「グリーン購入ネットワーク」ができ、その後、グリーン購入法も制定され、商品の環境配慮の「標準化」がなされるようになったことがエコマークの契約企業数が減少している要因ではないかと考えられる。

また、1990年代半ばから始まり、まさにブームとなったのがISO14001（環境マネジメントシステム）の認証取得である。ISO14001の認証取得は製品の国際取引の際に必須になることから「グリーンパスポート」と言われ、また、認証取得している事業者は自治体の公共工事などの入札や政策融資の際に有利になることから多くの事業者はかなり高い審査費や認証登録料を支払ってでも競って認証取得した。国際取引などに関係ない事業者や行政機関も環境に取り組んでいる「証（あかし）」として、この認証取得に躍起になった。しかし、そのISO14001の認証登録事業者数（累計）は、2008年（28,912件）をピークに減少しており、2015年4月末では18,588件となっている[4]。

そして、中小企業にとっても取り組みやすい環境経営システムとして2004年から開始されたのが「エコアクション21」である。環境パフォーマンスや環境コミュニケーションが重視された。エコアクション21の認証登録事業者は、かなりの勢いで増加したが、年度ごとの認証登録事業者数は2009年度の1,813事

[3]　日本環境協会エコマーク事務局による。

[4]　日本工業標準化調査会、日本適合性認定協会による。

業者をピークに減少傾向に転じた。累計では2013年度に8,103事業者まで増加したが、2014年度に初めて減少し7,554事業者となった[5]。

こうした環境経営システムは、もはや、件数的には十分に行き渡ったということであろう。

さらに、同じく1990年代半ばから始まった企業の『環境報告書』(『持続性報告書』、『環境社会報告書』などを含む)の策定状況について見ると、策定企業の割合は2008年(調査対象企業の38.3%)をピークにして減少傾向にある(2011年同36.4%)[6]。

1990年代初頭から大企業を中心にエコ、地球環境のブームが始まり、1990年後半からは「環境に取り組まない企業は生き残れない」と言われ、企業は環境マネジメントシステムの認証取得、環境報告書の作成・公表などの自主的な「環境配慮」の取り組みを進めてきたが、これらの取り組みの件数などは、2008年、2009年頃をピークにしているのである。

これも1990年代初めから言われてきた「エコビジネス」について、その動向を見る。

「環境にやさしい企業動向調査」によると、環境の取り組みを「ビジネスチャンス」と捉える企業は1999年度と2004年度には、それぞれ調査対象企業の6.9%であったが、近年では、2009年度6.4%、2010年度6.2%、2011年度5.1%、2012年度4.6%と3年連続で減少している(2012年以降は調査がない)。

また、1999年から毎年12月に東京ビッグサイトで開催されている「エコプロダクツ展」の来場者数の推移を見ると、2010年(183,140人)までは着実に増加したが、これをピークにその後は減少し、2013年に169,076人、2014年に161,647人、2015年に169,118人となっているのである[7]。

[5] エコアクション21中央事務局による。

[6] 『環境にやさしい企業動向調査』による。

[7] 毎年のエコプロダクツ展のホームページから。

企業一般にとっては、「エコ」はビジネスチャンスではなくなってきたのであろうか。あとで、この国の環境産業の動向を見る。

次に、市民活動に関連する仕組みなどの件数の変化を見る。

全国で認証されたNPO法人の定款に記載された非営利活動の種類（複数）のうち「環境の保全を図る活動」を行う認証NPO数（累計）は着実に増加（2012年度4,785団体）しているが、年度ごとの認証NPO数の推移を見ると、2008年度（689件）をピークにして減少の傾向にあり、2013年度には535件であった[8]。

さらに、2006年に始まった「eco検定（環境社会検定試験）」の年度ごとの受験者数の推移を見ると、2009年度（64,198人）をピークにして減少傾向にあり、2015年度には11,871人であった[9]。

以上、いくつかの事例で1990年代から始まった「エコ」の件数の変化を見た。ほとんどが2008年頃にピークを迎えていることがわかった。

認証などの「件数」は、環境の取り組みの「外形」的な指標であって、認証などの有無や地域における認証などの件数が個々の事業者や地域全体の環境への取り組みの度合い（パフォーマンス）を示すものではないことは言うまでもないが、この国の「半官製」、「商業主義」の「エコ」は既に飽和状態に達しているのである。

2　市民への「丸投げ」路線で「環境したいことがない人」急増

①　国民・市民が主役の環境取り組みに――「参加」・「協働」――

一方、「エコ」とは言わなかったものの、「エコ」以前にいくつかのオルタナティブ運動的な市民活動が始まっていた。1980年代初頭から、中部、関西、関東などでリサイクル市民運動が展開されている。散乱する空き缶を集め、資源化し、

[8]　内閣府による。

[9]　東京商工会議所による。

あるいは、不用品をフリーマーケットで交換するなどの「事業」が市民団体によって展開されるようになった。彼らはみずからを「食える市民運動」だとした。また、1970年代からの「せっけん」運動は、琵琶湖で富栄養化防止条例（1980年）を生み、全国的に「リンを含む合成洗剤」を駆逐する原動力となった。

多くの地域では、自治体の協力の下に、市民たちにより資源ごみのリサイクル（集団回収）、生活雑排水対策などの取り組みが進められた。

1980年代半ば頃には、こうした生活排水による河川・湖沼などの汚濁、自動車による大気汚染や騒音などは「都市生活型公害」と言われ、「残された」環境問題だとされた。その頃には、そのくらいしか環境問題はなかったわけである。そして、国民・市民は「被害者であり、加害者」であるとされた。エコマークが登場し（1989年）、『環境にやさしい暮らしの工夫』（環境庁）などの出版物が出回るようになった。

1980年代末、にわかにオゾン層破壊、地球温暖化、砂漠化、熱帯林破壊などの地球環境問題が冷戦終焉後の国際社会の課題として登場し、一気に危機意識が醸成された。G7の首脳たちは、競って地球環境問題の国際会議を主催し、1972年の「国連人間環境会議」（ストックホルム）20周年である1992年の「国連環境開発会議」（リオデジャネイロ）は、まさに「地球サミット」となった。キーワードとなった「持続可能な開発」は、先進国にとっては「持続可能な生産・消費」を追求することであり、途上国にとっては「環境破壊と貧困の悪循環を断つ」ことであった。「持続可能な消費」に向けた「ライフスタイル」の変革が鍵を握ることが強調されるようになった。

リオデジャネイロでの「地球サミット」の『アジェンダ21』では、持続可能な開発の担い手となる主要なグループ、すなわち女性、労働組合、農民、子どもと若者、先住民族、学術団体、地方自治体、企業、産業界、NGO（非政府組織）が果たす役割を強化するとした。

また、『アジェンダ21』の28章では、こうしたグループを巻き込んで持続可能な地域づくりを進める「ローカルアジェンダ21」の取り組みが謳われた。この国では、「ローカルアジェンダ21」は、自治体が市民、事業者などの参加を得て策定する「ローカルアジェンダ21」という名称の「計画」であった。

「地球サミット」では、各国から提出する国別報告書は、あらかじめ、こうしたNGOなどとの協議を経ることとされ、これ以降、この国の政府や自治体は、計画案、方針案、規則案などについてパブリックコメントを求め、公聴会・説明会を開催し、また、審議会などを公開するようになった。

そして、1990年代半ば以降、この国では、国も自治体も「環境基本計画」を策定するようになった。「参加」、「協働」がキーワードとなった。

また、21世紀に入った頃から、温暖化対策は「低炭素社会」づくり、廃棄物リサイクル対策は「循環型社会」づくり、自然保護・野生生物対策は「自然共生社会」づくりと言われるようになった。「対策」という「対処療法」でなく、環境負荷をもたらす社会・経済の仕組みやそれらの活動のあり方を低炭素型などに替えていこうとする「根治療法」を目指した政策コンセプトであったが、ここでも、○○社会の実現の方法は、市民・事業者の「参加」・「協働」が中心であった。

以前からの生活雑排水対策、資源回収などだけでなく、「地球環境問題」あるいは「持続可能な社会づくり」、「○○型社会づくり」も、取り組みの主役は国民・市民というのだ。

1990年代初めに「主役」になった国民・市民の環境の取り組みの実施やその意向の動向を探ってみる。

② 環境の取り組み「したい人」減少、「したいことがない人」急増

暮らしの中での環境のための「工夫」や環境活動への「参加」の動向を見る。

まず、「環境問題に関する世論調査」（旧総理府・内閣府）の中の「今後の環境保全の意向」について、1993年と2005年の2回行われた調査（複数回答）を比較する。

- 「毎日の暮らしの中で環境保全のための工夫や努力をしたい」は、1993年には69.2%であったが、2005年には64.8%に少し下がった。

- 「環境保全のための市民活動や行事に積極的に参加したい」は、1993年には22.0%であったが2005年には15.0%に少し下がった。
- 「環境保全に必要な費用について何らかの協力をしたい」は、1993年には21.0%であったが、2005年には11.8%に半減した。
- 一方、「特にしたいことはない」は、1993年には9.8%であったが、2005年には21.5%へと倍増した。

このように、1990年代初頭と2005年を比べると、「工夫や努力」、「参加」、「費用の協力」についてはいずれも減り、「特にしたいことがない」は倍増したのである。

筆者は、2015年3月に以上の4つと同じ質問について東海4県の2,000人に対してウェブ調査を実施し、2005年の内閣府の世論調査のうちの東海4県の結果と比べてみた【図1】。

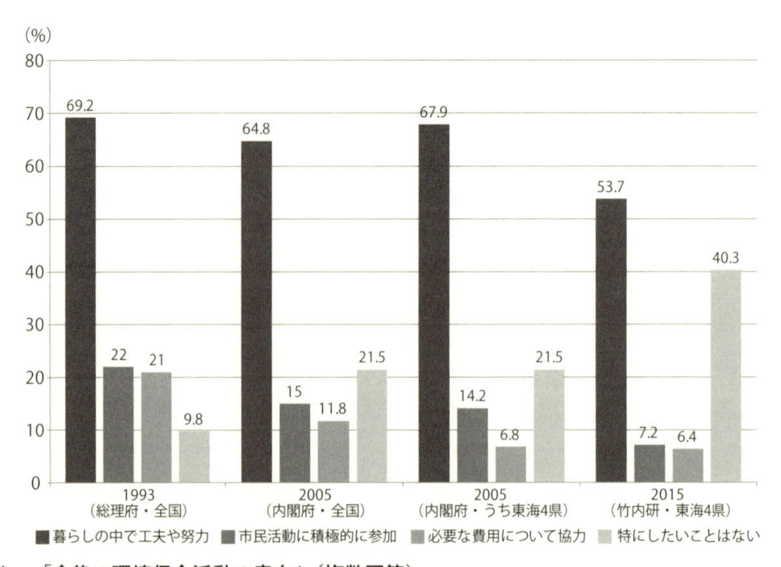

図1　「今後の環境保全活動の意向」(複数回答)
出典：総理府「環境問題に関する世論調査」(1993年)、内閣府「環境問題に関する世論調査」(2005年)および筆者実施ウェブ調査(2015年、東海4県2,000人)をもとに作成

「毎日の暮らしの中で環境保全のための工夫や努力をしたい」は、2005年には67.9%であったが、2015年には53.7%に下がった。

「環境保全のための市民活動や行事に積極的に参加したい」は、2005年には14.2%であったが2015年には7.2%に下がった。

「環境保全に必要な費用について何らかの協力をしたい」は、2005年には6.8%であったが、2015年には6.4%に少し下がった。

一方、「特にしたいことはない」は、2005年には21.5%であったが、2015年には40.3%へと倍増した。

内閣府の調査と筆者の調査は調査方法が異なるので単純に比較してはいけないかもしれないが、最近の10年間を比較しても、「暮らしの中の工夫や努力」、「市民活動への参加」、「費用の協力」の意向についてはいずれも減り、「特にしたいことがない」は倍増しているのである。

1990年代初頭からの大きな傾向を捉える。

まず、「暮らしの中の工夫や努力」の意向は少しずつ下がってはきているものの依然として50%を超える高いレベルにある。

次に、「市民活動への参加」や「費用の協力」の意向はそれぞれ20%程度であったものが6～7%程度に下がってきており、消滅の危機にあると言えよう。

そして、「特にしたいことがない」は1990年代初頭から4倍増で40%程度と高いレベルになってきている。複数回答ができる中で「特にしたいことがない」を回答した回答者は他の項目には回答していないはずであるので、純粋に「環境の取り組みでしたいことは何もない」人たちが4半世紀前には10人中1人だったのが、今では10人中4人に増えたのである。かつて、「暮らしの中の工夫や努力」、「市民活動への参加」または「費用の協力」の意向があった、あるいは、現在、それをしているが、「今後はその意向はない」という人たちもいるのである。

また、「環境にやさしいライフスタイル実態調査」（平成26年度）による時系列比較（2011年度を除く2009年度から2014年度まで）が可能な環境配慮行動のうち、「参加」の意向に関して比較してみると、「地域における環境保全活動に参加したい」、「体験型の環境教育・環境学習に参加したい」は、この6年間だけをみても、それぞれ9.1ポイント、9.6ポイント下がっているのである。

1990年代初めから、地球環境問題あるいは持続可能な地域づくりは、取り組みの主役は市民・住民であり、市民・住民の「参加」・「協働」が鍵と言われてきたが、以上見たように、「参加」の意向については着実に低下しており、また、「環境の取り組みについて特にしたいことがない」市民・住民が急増しているのである。

③「暮らしの中での工夫や努力」の定着も危うい

さて、筆者は、2015年3月、名古屋市民を対象に、ごみの分別、適正な冷暖房温度の設定など環境のための暮らしの中での工夫や努力32項目の実施状況についてウェブ調査を行い、筆者が2006年に行った同じ内容の名古屋市民を対象

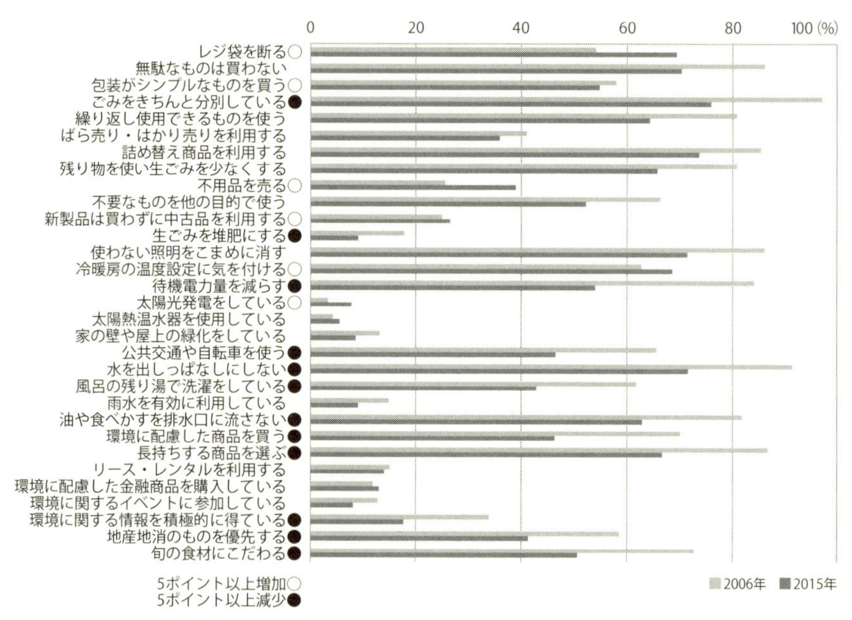

図2　暮らしの中での工夫・努力（名古屋市民）：2006年と2015年の比較
出典：筆者実施の郵送調査（2006年）、筆者実施のウェブ調査（2015年）

とした調査（郵送調査）の結果と比較してみた【図2】。

これによると、「レジ袋を断る」、「冷暖房の温度設定に気を付ける」、「太陽光発電をしている」など6項目は今回の調査が2006年の調査から5ポイント以上増加し、「生ごみを堆肥にする」、「公共交通や自転車を使う」など11項目は今回の調査が2006年の調査から5ポイント以上減少した。

これは、「環境にやさしいライフスタイル実態調査」（平成26年度）による時系列比較（2011年度を除く2009年度から2014年度まで）が可能な環境配慮行動[10]を「実施している人の割合」は、9項目のうち6項目については2009年度から2014年度にかけて年々減少しており、3項目については年度によって変動があるものの、概ね増加しているのと似た傾向かと思われる。なお、同調査では、これらを「実施したい人の割合」は、すべての項目について年々着実に低下してきている。これは、先ほどの図1（20ページ）の2005年（内閣府・うち東海4県）と2015年（竹内研・東海4県）の「暮らしの中での工夫や努力」の意向がこの10年で14ポイント程度下がっているのと概ね符合する。

このように、名古屋市民の暮らしの中での取組状況は、全体的には、この10年間で少し低下していることがわかる。

もちろん、「ごみをきちんと分別している」、「詰め替え商品を利用する」、「水を出しっぱなしにしない」など5項目はいずれの調査においても80%以上と高いレベルを維持しており、これらは、暮らしの中で定着してきていることがうかがえる。

また、「レジ袋を断る」が20ポイント以上も増加したのは、この間レジ袋の有料化があり、「太陽光発電をしている」が6ポイント増加したのは、補助金や固定価格買取制度が導入されたといったような政策的な措置が市民の取り組みの促進につながっていることがわかる。

[10]「日常生活において節電などの省エネに努める」、「日常生活においてできるだけごみを出さないようにする」など9項目。

このように、名古屋市における調査でも「環境にやさしいライフスタイル実態調査」でも、「暮らしにおける工夫や努力」を実施している人は以前より少し低下してきているが、依然として高いレベルにあるものは、定着してきていると言えよう。しかし、先の東海4県の調査でも「環境にやさしいライフスタイル実態調査」でも、これらを「実施したい」という「意向」を見ると、かなりの程度で低下しているのである。現在は「実施している」が、今後は「実施したくない」人たちが増えてきているということであり、将来的な定着は危ういか？

いったい、なぜ、「参加」の意向については着実に低下し、「環境の取り組みについて特にしたいことがない」市民・住民が急増しているのか。なぜ、「暮らしの中での工夫や努力」の定着も危うくなってきているのか。

④ 国は自治体に「丸投げ」、自治体は市民に「丸投げ」

前述のように、1992年のリオデジャネイロでの「地球サミット」を契機に、以前からの生活雑排水対策、資源回収などだけでなく、「地球環境問題」あるいは「持続可能な社会づくり」も、「参加」・「協働」がキーワードとなった。この「参加」・「協働」の路線は現在までもつづき、大震災などをきっかけに、ますます強調されるようになってきた。

筆者は、先日、ある市の環境審議会での環境基本計画の改定の審議に出席した。事務局から説明のあった原案には、以下の4つの基本目標が盛り込まれていた。

基本目標1「低炭素なまちをつくる」として「普段の生活や移動におけるエネルギーの利用、経済活動といった日常の各場面でCO_2排出量の削減につながる行動に取り組むことで『低炭素なまち』を目指していきます」

基本目標2「資源が循環するまちをつくる」として「……モノを買うとき、捨てるとき、そして水を使うときに、資源の循環について考え、行動することができる『資源が循環するまち』を目指していきます」

基本目標3「暮らしと自然を守るまちをつくる」として「……身近な生活環境の質の向上について考え、行動することで、市民の暮らしと自然が守られるまちを目指していきます」

基本方針4「市民みんなが行動するまちをつくる」として「……市民一人ひとりが行動を起こすことが必要になっています。……環境問題を「自分の問題」として意識することで、持続可能な社会の姿『市民みんなが行動するまち』を目指していきます」

この原案に対し、ある市民委員から「すべてが『市民一人ひとり』としている。日常生活の中で『市民一人ひとり』が行動することによって低炭素なまち、資源が循環するまちなどをつくるということでしょうか。基本方針4では、それ自身が基本方針になっています。これでは、環境の取り組みは、市民に丸投げではないですか。行政・市役所は何をやるのですか」という意見が出された。

「市民一人ひとり」の行動を促すことによって環境のあらゆる分野に対応しようとしているのは、この市だけではない。

「地方公共団体の取り組みについてのアンケート調査報告書」(平成26年度)によると、自治体が重点的に取り組みを実施している分野(細分類)は、「地球温暖化対策」が最も多く25.0%を占め、次いで、「環境教育・環境学習等の推進と各主体をつなぐネットワークの構築・強化」が7.1%、「2Rを重視したライフスタイルの変革」が7.0%、「水環境の保全」が4.8%、「物質循環の確保と循環資源の利用促進・高度化」が3.8%、「地域循環圏の形成」が3.8%となっている。

これらのうち、「地球温暖化対策」、「水環境の保全」、「物質循環の確保と循環資源の利用促進・高度化」、「地域循環圏の形成」の4つは政策の「対象」であるが、「環境教育・環境学習等の推進と各主体をつなぐネットワークの構築・強化」と「2Rを重視したライフスタイルの変革」は政策の「手法」であり、「市民一人ひとり」に行動してもらうための「手法」である。

この「市民一人ひとり」に行動してもらうための環境教育などの「手法」を合計すると、自治体の取組分野の14.1%を占める。

また、同調査報告書によると、25.0%と最も多い地球温暖化対策は、最も多く住民・住民団体や民間団体(NGO・NPOなど)との「連携・協働」によって進められている分野となっている。つまり、自治体における地球温暖化対策は、「市民一人ひとり」の行動に依存している分野となっているのであり、これが自治体の取り組みの25%であるので、先ほどの14.1%を合わせると、自治体の環境の仕事の約40%が環境教育などということになる。

家庭ごみのリサイクルは家庭での分別排出が大前提になるので、まず、「市民一人ひとり」の行動に依存せざるを得ないが、これであっても、市民の負担はたいへんであり、行政は市民を「手足」として使っているとの見方もできる。本来、製品廃棄物であれば、その収集運搬も製造者などの負担で行うべきであろう。

さて、自治体における地球温暖化対策が「市民一人ひとり」の行動に依存しているのは、まず、国の地球温暖化対策が「国民一人ひとり」の行動に依存するようになったからであり、そして、国は地域の現場でそれを具体的に実施するよう自治体に依存しているのである。

筆者は、1980年代末から開始された内外の国および自治体の温暖化対策のプログラム、政策・措置などを、その変遷を含めて比較・考察してみると、その方法には、3つの類型があると言ってきた。3つとは、「構造改革型」、「ブレークスルー技術型」、「みんなで減らそう型」である。

まず、「構造改革型」である。

政府の地球温暖化対策の最初のプログラムは、1990年10月策定された「地球温暖化防止行動計画」である。1980年代半ばからのバブル期であり、経済成長率年4%程度、CO_2も年率4～5%で増大していたが、行動計画では、2000年のCO_2排出量を90年レベルに戻し、安定化させることを目標とした。目標達成の方途は、①都市・地域構造、②エネルギー需給構造、③交通体系、④生産構造、そして⑤ライフスタイルをそれぞれ「CO_2排出の少ないもの」に変革していくことであった。温暖化政策の創成期に初めて削減目標および達成方途を定めた行動計画は、このようにさまざまな分野の「構造改革型」であった。しかし、構造改革型の行動計画も所詮「計画」、つまり「絵に描いた餅」だった。一方、ドイツ、英国はじめ欧州の国々の温暖化対策は、コジェネレーション[11]の拡充、石油・石炭から天然ガスへの燃料転換といった本格的な「構造改革型」であり、CO_2排出削減に大きな成果を挙げてきた。

次に、「ブレークスルー技術型」である。

政府は国連気候変動枠組条約第3回締約国会議（COP3）において京都議定書が採択された直後の1998年に「地球温暖化対策推進大綱」を決定した。この中で、2010年までに原子力発電の発電電力量を1997年の5割以上増加、すなわち、原子力発電所の21基新増設が対策の中心に据えられた。原発1基増設で、全国のCO_2排出量の0.7%程度が削減されるとされていたので、21基では、14%削減に相当する。行動計画の「構造改革型」の取り組みの考え方は、原発21基増設による大幅なCO_2削減に方向転換された。この方法が「ブレークスルー技術型」である。CCS（Carbon Capture and Storage：炭素回収貯留）もこれである。

3つ目は「みんなで減らそう型」である。

1997年のCOP3を踏まえ、翌年、「地球温暖化対策の推進に関する法律」が制定された。国と都道府県が「地球温暖化防止活動推進センター」を指定法人として指定する、都道府県は「地球温暖化防止活動推進員」を委嘱する、国、都道府県および市町村はみずからの事務・事業からの温室効果ガスを削減するための「実行計画」を策定・公表する、というのがこの法律の主な内容であった。その後、「実行計画」には、自治体の区域全体の取り組みの分野も加わった。国民の行動に依存する「みんなで減らそう型」である。自治体の取り組みに依存する体系でもあった。「構造改革型」でCO_2排出削減に大きな成果を挙げてきたドイツ、英国などでも、近年では「みんなで減らそう型」も追加的に実施されるようになった。

このような3つの類型があるが、この国では、「ブレークスルー技術型」と「みんなで減らそう型」が車の両輪となって進められてきた。「ブレークスルー技術型」

---

[11] 熱併給発電のこと。CHP（Combined Heat and Power）とも言う。以下単に「コジェネ」。

は国によって進められ、「みんなで減らそう型」は国民と自治体に依存した。

この「みんなで減らそう型」は温暖化対策の類型ではあるが、一般的に、この国の自治体の環境行政は、特に1990年代後半から、「市民一人ひとり」の行動との「連携・協働」と「連携・協働」のための環境教育の推進や各主体間のネットワークの構築が主な仕事となっているのである。

このような意味で、ほとんどの自治体環境行政は、市民への「丸投げ」なのである。

地球温暖化対策について言えば、国は国民と自治体に「丸投げ」し、丸投げされた自治体は市民に「丸投げ」しているのである。

市民への「丸投げ」路線の蔓延によって、先に見たように、市民の環境の取り組みへの「参加」の意向が着実に低下し、また、「環境の取り組みについて特にしたいことがない」市民が急増しているのである。

そして、この「丸投げ」によって「暮らしの中での工夫や努力」の定着も危うくなってきているのである。

3　原発依存の温暖化対策の破綻で「国民総環境疲れ」、「CO_2増加」

①　大キャンペーンにもかかわらず省エネ行動は減退

次に、省エネ意識の変化、省エネ取り組みの動向を見る。

旧総理府・内閣府の「省エネルギーに関する世論調査」を見ると「省エネルギーに非常に関心がある」は、第二次石油危機時の1979年12月に36.4%であり、1981年12月には18.0%に下がったが、湾岸戦争時の1990年12月には26.9%に上昇し、以降、1991年7月25.3%、1992年6月22.2%、1996年2月18.9%、1999年2月14.9%と着実に下がった。

省エネ意識は、当然のことながら、石油危機の際には高い。なお、1990年代初頭から地球温暖化問題が世界的に騒がれ始め、また、1997年には京都でCOP3が開催され、これが大いに報道されたが、なぜか、省エネ意識はこれに反比例して、1990年代を通して低下していったのである。

その後、2005年12月の同世論調査では「省エネルギーに非常に関心がある」ではなく「生活スタイルを大きく変えてでも省エネ」であるが、24.8%とかなり高くなっている。この調査は、「クールビズ」などの政府主導の地球温暖化防止の「国民運動」のキャンペーンが始まった直後の世論調査である。「国民運動」のキャンペーンの効果は石油危機並みに大きいということか。

その後、省エネ意識に関する内閣府の世論調査はないが、省エネの取組状況などに関する調査の結果は以下のとおりである。

まず、名古屋市民の暮らしの中での取組状況（図2）を見ると、省エネ行動関連の取り組み（「無駄な照明をこまめに消す」、「待機電力に気を付ける」、「冷暖房の温度設定に気を付ける」）について2015年と2006年とを比較すると、照明は同レベル、待機電力は2015年が減少、冷暖房温度設定は2015年が増加となっており、全体としては大きな変化はない。このように、名古屋市民の例では、「クールビズ」などの地球温暖化防止のキャンペーン、「国民運動」があったが、市民の省エネ行動は大きく高まったわけではない。

また、「環境にやさしいライフスタイル実態調査」（平成26年度）によると、「日常生活において節電などの省エネに努める」を「実施している人の割合」は、2009年度の88.7%から2014年度の82.0%へと7.7ポイント低下し、「実施したい人の割合」は同じく94.1%から86.2%へと7.9ポイント低下している。それぞれ、この間年々着実に低下してきているのである[12]。地球温暖化防止のキャンペーン、「国民運動」が展開され、2011年には福島第一原発事故があり、関東などでは節電が強く要請されたにもかかわらず、全国的には、省エネを「実施している人」の割合も「実施したい人」の割合も、2009年度から着実に低下しているのである。

いったい、なぜ、大規模なキャンペーン、「国民運動」が行われてきたにもかかわらず、また、福島第一原発事故があったにもかかわらず、全国的には省エネ

[12] 2011年度には調査は実施されていない。

の実施やその意向が低下してきたのか。

② 原発に依存した温暖化対策の破綻が原因

2005年頃から、日本人は極度な「省エネ疲れ」、「CO_2疲れ」に苛まれるようになった。その背景には、原発に過度に依存した日本のCO_2削減政策の失敗がある。

エネルギー・環境と国民生活とのかかわりを少し遡って見てみる。

公害、特に大気汚染は、戦前からの京浜、中京、阪神、北九州の工業地帯、そして、国土総合開発計画の一環として指定された瀬戸内海沿岸地域などの新産業都市などに立地する発電所や工場における石油、石炭といったエネルギーの消費に伴って発生する硫黄酸化物などによって人の健康が蝕まれた問題である。1960年代、70年代には、公害をめぐって、世界に類を見ない住民運動、地域闘争が展開された。

1970年代の1973年と1979年の2度にわたる石油危機を契機に、家庭・職場や工場では「省エネ・省資源」が叫ばれ、政府主導の「国民会議」もできた。高騰したエネルギーコストを軽減することによって日本企業の競争力を回復・向上させ、また、不安定な石油供給先となった中東からの石油依存度を下げることが目的だった。国民生活にとっては、一過性の「我慢」の省エネ・省資源であった。2度目の石油危機の後には、発電所や工場での石炭（安い海外炭）の利用拡大が目指された。当時、CO_2問題は認識されていなかったが、この石炭シフトは、のちのCO_2排出量の増加に大きく寄与した。

さて、1990年前後に主要な先進国では2000年のCO_2削減の自主目標を設定するようになった。日本も1990年10月に、2000年には1990年と同レベルにするとの安定化目標の下に、都市・地域構造、エネルギー需給構造、交通体系、ライフタイルなどの「構造変革」を行うことによって、目標を達成するとした「地球温暖化防止行動計画」を策定した。日本の2000年安定化目標は、翌年からの国連による温暖化条約づくりに弾みを付けた。

1997年の京都でのCOP3の際に、橋本総理は「2010年までに原発を21基増設する予定であるので90年比マイナス6%は達成できる」との通産省の進言をもとに京都議定書における日本の削減目標としてマイナス6%を受け入れた。当時の総排出量は90年より7%近く多い。原発の21基増設だけで1990年総排出量の14%分の削減が見込まれるため、産業界は原発増設の大合唱となった。

その後、原発大増設の目論見が外れそうであることが次第に明らかになり、政府は、1998年に立てた2010年までに21基増設という計画を、2002年には13基に、2005年には5基にそれぞれ縮小した。これで、原発増設によるCO_2削減量は1990年総排出量の3～4%分しか見込めなくなった。

その上、2003年からは、東電シュラウド問題に伴う同型原子炉の点検、中越地震などの地震に伴う停止などが頻発し、全国の原発の平均的な稼働率は大幅に下がるようになり、その分は火力発電所を焚き増しするので、予想外のCO_2排出量の増大となった。環境省は、毎年のCO_2排出量を発表する際に、「原発が通常の稼働率だとした場合」の排出量も併せて出した。

このように、「原発依存路線」は2重の意味で破綻したのであるが、目論まれたCO_2削減量は、どこかがこれを引き受けなければ、マイナス6%の目標達成ができない。

そこで、政府や産業界が目を付けたのが、家庭や学校・オフィスなどの部門であり、こうした部門でのさらなるCO_2削減のため、政府は巨大な税金を投じて「クールビズ」、「チーム・マイナス6%」などの「国民運動」を開始したのである。役所や企業などの職場では昼の時間帯の消灯、冷暖房温度の設定などを徹底した。お堅い国会までもクールビズになった。「見える化」と称して、個々の商品へのCO_2排出量の表示の動きも出た。生産・販売などの現場でも、CO_2削減のため、あらん限りの努力が傾注されてきた。自治体では、子どもたちのためにCO_2の歌や踊りをつくるところも現れた。家庭生活においても「夕方、家族はひとつの部屋に集まって団欒し、他の部屋は消灯する」、「ガソリンは満タンにすると重たいので、少しずつ給油する」など「余計なお世話!」と言いたくなるようなことが一杯。いわば「箸の上げ下げ」にまで「ご指導」がなされるようになった……。「欲しがりません、京都議定書の目標達成までは」と言わんばかりの何か「CO_2ファッション」とも言うべき違和感を覚える風潮がこの国を支配した。

さらに、2008年秋のリーマンショックを契機に、燃費のいい自動車、グリーン家電などへの買替促進のため、大規模な補助金、税制優遇の措置が講じられ、「節約」と「消費拡大」が同居するという何とも不思議な様相を呈するようになった。

こうした取り組みは、今年や来年の気温上昇を抑えるためではないことはわかっているのだが、近年の夏の厳しい暑さは、人々に「無力感」を与えたのかもしれない。

「国民総省エネ疲れ」、「国民総CO_2疲れ」であり、こうして、省エネを実施する人、実施しようとする人は年々減少してきているのである。

さらに、そこに福島第一原発事故が起き、すべての原発が定期点検のため順次停止となり、CO_2の大幅増大をもたらしたのである。

「風が吹けば桶屋がもうかる」式に言うと、次の回路になる。

原子力21基増設によるCO_2マイナス6%削減計画
→ 増設の目論見はずれ+既存原子力の稼働率低下
→ CO_2排出量増大
→ 原子力増設で減る予定だったCO_2を家庭・職場での取り組みでカバー
→ 省エネ・CO_2削減の大キャンペーン・「国民運動」
→ 「国民総省エネ疲れ」、「国民総CO_2疲れ」
→ 国民・市民の省エネ行動の減退、そこに福島第一原発事故
→ すべての原発が順次停止
→ CO_2大幅増大

京都議定書の削減目標である2010年に1990年比マイナス6%の達成は大いに危ぶまれたが、2008年秋からのリーマンショックによる世界的な実物経済の停滞のお陰で、なんとか達成できた。

安倍政権は、2015年7月の長期エネルギー需給見通しの中で、電源構成に

おける原子力の比率を2030年には20～22%とし、その際、原子力の稼働率を70%とした。そして、これを前提として、この国の温室効果ガス排出量を2030年には2013年比でマイナス26%にするとの約束草案を国連に提出した。またもや、原子力に依存したCO_2削減策である。その破綻のしわ寄せが国民生活に来ないようにしなくてはならない。電力部門の課題は、電力の中で完結してもらいたい。そのためにも、再生可能エネルギー（以下、「再エネ」）、コジェネといった分散型の電源の大幅拡充が不可欠である。これについては、のちに述べる。

4　世界の中で最低クラスの日本人の「環境危機意識」

この国の人々の環境の取り組みが閉塞状態になり、また、「国民総CO_2疲れ」に陥った原因は、以上のとおりであるが、日本人の環境危機意識の変化もその背景にあるのかもしれない。

旭硝子財団が1992年（リオデジャネイロでの地球サミットの年）から毎年調査している「環境危機時計」の調査結果の推移で、日本人などの環境意識の推移を見る。この調査は、世界の約4,000人の「環境有識者」に対し、毎年4月に質問票を送付し、6月に回収、9月に結果を発表している。

時刻による危機感の目安は、0:01～3:00は「ほとんど不安はない」、3:01～6:00は「少し不安」、6:01～9:00は「かなり不安」、9:01～12:00は「極めて不安」と分類される。

世界全体、日本、西欧の1992年からの環境危機時刻の推移を比較してみる。

世界全体の傾向としては、1996年まで大いに環境危機意識は高まり、その後は、横ばい・微増の状態が2008年までつづき、2008年をピークにして低下の傾向にある。環境危機意識の高い年は順に2008年、2007年、2015年であった。

日本は、1990年代にかなりの勢いで環境危機意識が高まったが、世界全体よりも低く、やっと1990年代末に世界全体と同じ程度になり、その後2008年まで世界全体と歩調を合わせて危機意識は高まったものの、2008年をピークにして、その後は毎年、世界全体よりも低く推移してきている。環境危機意識の高い年は順に2008年、2007年、2012年であった。

西欧は、1990年代半ばまで急激に危機意識が高まったものの、90年代後半から一気に低下し、1990年代末から2005年辺りまでは世界全体よりも低く推移し、それ以降、2009年辺りまで高まり、その後は、世界全体や日本のように低下することなく、横ばいで推移し、2012年には高い値を示している。環境危機意識は2009年と2012年が最も高く、次が2008年であった。

ところで、先ほど見たように、2008年以降、日本は世界全体よりも環境危機意識が低い傾向にあるが、最新の2015年調査の世界の地域別の環境危機時刻を見ると、高い順に、オセアニア10:06、南米9:54、北米9:47、西欧9:42、アジア9:15、中東9:10、日本9:09、アフリカ9:00、東欧・旧ソ連8:51となっている。

何と、日本の「環境有識者」の環境危機意識は、10地域のうちで下から3番目なのである。

日本の「環境有識者」の傾向が日本人の傾向を代表するとは言えないかもしれないが、2008年以降、日本人の環境危機意識は世界全体より低く、かつ、そのレベルは世界で最低クラスなのである。これはこの国の環境取り組みが閉塞状態に陥っている背景のひとつかもしれない。あるいは、閉塞状態だから環境危機意識が低いのかもしれない。

第2節　この国の「グリーン成長」戦略は大失速

1　元祖「グリーン成長」：ドイツ

①「第三次産業革命」という地球規模の「グリーン成長」戦略

ドイツは、1990年代に入って、自他共に認める「環境先進国」になった。これは、連邦政府の政権党の政策に大きく依存している。1980年代初めに、小さな緑の党が州議会や連邦議会で議席を持つようになり、いくつかの市や州の政権に入った。緑の党の台頭を恐れた既存の大政党は、「緑の党よりも緑の政策」を目指すようになった。各種の製品廃棄物のリサイクルの制度、CO_2の大幅削減の目標、再エネの買取制度（1991年）などは、1982年から16年間つづいたコール保守政権下で導入された。1998年から「赤・緑政権」、すなわち、社会民主党と緑の党との連立政権（シュレーダー政権）が誕生した。連立協定において、原子力発電からの撤退、再エネ法（再エネごとの固定価格買取制度）、エコロジー税制改革などが合意され、4年間の政権期間中にこれらは実施された。次の総選挙（2002年）では、「赤・緑政権」（シュレーダー政権）の継続が選択された。選挙直前に発生したエルベ河の洪水に対するシュレーダーの危機管理が評価されたことが理由とされた。さらに、2006年の総選挙では、社会民主党は凋落し、キリスト教民主同盟との2大政党同士の大連立（「黒・赤政権」）が選択され、キリスト教民主同盟のメルケルが首相となった。

緑の党は、1983年の総選挙で初めて連邦議会に議席を持ったが、その際の選挙綱領の中核は「環境対策による雇用創出」であった。

表１　第三次産業革命

	第一次産業革命 1780年から	第二次産業革命 1890年から	第三次産業革命 1990年から
中心的な技術	蒸気機関	電力、内燃機関	マイクロエレクトロニクス、バイオテクノロジー
中心的な資源	鉄	化学製品	リサイクル
中心的なエネルギー	石炭	石炭、石油、原子力	再生可能エネルギー、エネルギー効率
交通／コミュニケーション	鉄道、電報	自動車、飛行機、ラジオ、テレビ	インターネット、携帯電話
社会／国家	市民社会、営業の自由、立憲国家	大量生産、議会制民主主義、社会国家	市民社会、グローバリゼーション、ガバナンス
中心的な国	英国、ベルギー、ドイツ、フランス	米国、日本、ドイツ	EU、中国？ 米国？日本？

出典：Martin Jaenicke, Klaus Jacob: Die dritte industrielle Revolution - Aufbruch in ein oekologisches Jahreshundert 2008 から作成

1980年代初頭から、ドイツの内政上の最大の政策課題は、雇用と環境であった。雇用と環境を同時に解決するための政策コンセプトとして、1998年発足のシュレーダー赤・緑政権は「エコロジカル・モダニゼーション」を、2006年のメルケル黒・赤大連立は「エコロジカル・インダストリー・ポリシー（エコロジー産業政策）」を、それぞれ環境政策の基本に位置付けた。

1980年代初めから「エコロジカル・モダニゼーション」（資源・エネルギー効率化、産業構造転換、環境産業化など））を提唱してきたベルリン自由大学教授で同大学環境政策研究所の前所長のマルチン・イエニケは、2008年、「第三次産業革命」を打ち出している。この「第三次産業革命」の考え方こそが、地球規模の「グリーン成長」戦略になるのである。

18世紀末からの「第一次産業革命」は、石炭がエネルギーの中心であり、マテリアルとしては鉄である。まさに、石炭と鉄の産業革命である。中核的な技術は蒸気機関であった。英国とその周辺国が第一次産業革命の中核地域である。なお、あとで述べるように、経済学者ジェボンズは1865年に「石炭問題」を著し、ワットの蒸気機関は、その前のタイプのニューコメンの蒸気機関よりはるかに効率が高いが、ワットの蒸気機関の登場以降、英国の石炭の消費量は急上昇していると指摘している。これは、個々のエネルギー使用機器の効率が高まると全体のエネルギー消費が増加するという間接的「リバウンド効果」の指摘であり、「ジェボンズ・パラドックス」とも言われる。

経済協力開発機構（OECD）などによる1820年からの世界の主要国のGDP成長率（年率）の推移を見ると、1820～1870年は、米国が高い経済成長（4.20%）を示し、英国（2.05%）、ドイツ（2.01%）がつづいた。第一次産業革命により、フロンティアの大きな米国が大いに成長したのである。日本は0.41%、世界全体では0.93%であった。

19世紀末からの「第二次産業革命」では、中心的なエネルギーは石油になり、その後、原子力も一部加わった。マテリアルは石油製品（プラスチック）が登場した。中核的な技術は、電力であり、内燃機関である。石油を効率的に使用する内燃機関（自動車エンジンなど）は、ワットの蒸気機関が石炭消費を増大させたと同じように、石油の消費を飛躍的に増大させた。巨大な「ジェボンズ・パラドックス」である。米国、日本、ドイツが第二次産業革命の中核となった国であった。1870～1913年の経済成長率を見ると、引きつづき、米国が高く（3.94%）、ドイツ（2.83%）、日本（2.44%）、ロシア（2.40%）がつづいた。ドイツでは統一国家ができ、日本では明治維新になり、第一次産業革命が進行したのである。世界全体では経済成長率は2.11%であった。

1913～1950年を見る。この期間は2度にわたる大きな戦争の時代である。第二次産業革命の中核となり、大衆消費社会が開花した米国が依然として高い成長（2.84%）を示し、日本（2.21%）、旧ソ連（2.15%）がつづいた。世界全体では経済成長率1.85%であった。

次に、1950年から1973年を見る。先進工業国の戦後復興・高度成長の時代である。高度成長は1973年の第一次石油危機までつづく。この期間は、日本が非常に高い成長（9.29%）を遂げ、旧西ドイツ（5.68%）、フランス（5.05%）がそれにつづいた。日本、欧州、旧ソ連などが第二次産業革命を謳歌した時代と言えよう。世界的にみても、この期間が最も経済成長率（4.91%）が高い。

つづく1973～1998年を見ると、この期間は、先進工業国は低成長・安定成長時代に入り、改革開放路線に転換した中国の高度経済成長（6.84%）が始まった期間である。中国にはインド（5.07%）がつづいた。これらの国々で、本格的に第二次産業革命が進行したと言える。世界全体では3.01%であった。

ここまでが第二次産業革命であるが、実際には、現在、新興国では第二次産業革命を謳歌するとともに、地球規模でのさらなる伝播はつづいている。言うまでもなく、第一次・第二次産業革命の進展・伝播が人為的な温室効果ガスの排出量を飛躍的に増大させた。また、石炭や石油が大量に使われるようになった原因は、いずれも人間による自然資源の収奪である。石炭は、製鉄、暖房などで森林を使い尽くした18世紀の英国で大量の採掘が始まり、石油は、灯油用の鯨油を得るため鯨を採り尽くした19世紀後半、米国・ペンシルベニアで油井による採掘が始まったのである。

さて、イエニケの言う20世紀末からの「第三次産業革命」の中心的なエネルギーやマテリアルは何か。エネルギーは再エネであり、また、「エネルギー効率」そのものがエネルギー源でもあるというのである。そして、第三次産業革命の中心的なマテリアルはと言うと、「リサイクル」ということとなる。「リユース」もそうであろう。中核的な技術は、マイクロエレクトロニクス、バイオテクノロジーなどである。これを担っていくのは、EU、米国、そして日本であろうが、中国、インドなどが中核になることも大いに予想されるとしている。

世界各国が、この第三次産業革命を競うことこそが、地球環境を救うことになるのか。

1980年代から「環境対策による雇用創出」を目指してきたドイツ人たちは、こうした超長期の世界経済観の中から、「第三次産業革命」という地球規模の「グリーン成長」の戦略をつくり出しているのである。

そして、ドイツ政府自身が、世界の環境市場を予測し、果敢に世界市場に挑戦している。

② 世界市場の一人占めを狙う「Environment Made in Germany」

「グリーン成長戦略」の元祖ドイツが予測する環境産業の世界市場の市場規模を見る。

ドイツ連邦環境省／ドイツ連邦環境庁の『環境経済報告2011』(2012年)によると、①再エネ、②エネルギー効率、③資源効率、④持続可能な水管理、⑤持続可能な交通、⑥循環型社会の6つの分野からなる環境市場の世界全体の市場規模は、2007年に1.4兆ユーロであったものが、2020年には3.1兆ユーロになると予測されている。そして、2007年から2020年にかけて、大きく拡大するのは、②エネルギー効率(4,920億ユーロ)、①再エネ(4,600億ユーロ)、④持続可能な水管理(4,440億ユーロ)であるとしている。

それぞれの分野の世界市場に占めるドイツの環境技術の割合(2007年)を見

ると、①は30%、②は12%、③は6%、④は10%、⑤は18%、⑥は24%である。このうち、①再エネの個別分野ごとの世界市場に占めるドイツ企業の割合（2007年）を見ると、バイオガスで90%、太陽光で21%、水力で35%、風力で25%、太陽熱で23%、ペレット暖房で15%となる。また、同じように②エネルギー効率の個別分野を見ると、家庭用機器で9%、計測・コントロール技術で15%、電気自動車で10%、断熱で8%、空調技術で15%となる。

また、ドイツのブッパータール気候環境エネルギー研究所の報告書『ヨーロッパのためのグリーン・ニューディール：危機の局面におけるグリーンな近代化のために――』（2009）では、環境産業分野には次の6つのリード・マーケットがあり、それぞれの世界の市場規模やドイツのシェアは以下のとおりと予測している。

- 持続可能なエネルギー：世界の市場規模は2020年までには2倍になる。太陽熱と太陽光発電の世界市場は年率約20%で成長する。燃料電池の市場規模は現在7,510億ユーロだが、2020年には10倍になる。
- エネルギー効率：現在の世界の市場規模は4,500億ユーロであり、2020年には2倍になる。ドイツ企業は20%のシェアを持つことになろう。
- 資源効率：ドイツでは、2016年までに生産のための資源投入量は20%減少する。これは、年間2,710億ユーロのコスト削減に相当する。
- 循環経済：リサイクル技術の世界の市場規模は3,010億ユーロである。2020年には、4,610億ユーロになる。ドイツ企業は、25%のシェアを占めることになる。
- 持続可能な水管理：2020年までには480億ユーロの市場規模になる。ドイツは、特に、非集中型の水管理の分野で40%のシェアを持つマーケットリーダーである。
- 持続可能な交通：市場規模は180億ユーロであり、2020年には2倍になる。バイオ燃料、排ガスフィルターの分野は2020年までに年率20%で成長する。ナビゲーターのような成熟した分野では、2020年までに年率7%成長となる。

また、ブッパータール気候環境エネルギー研究所は、環境市場の見通しについて、「今後、アジアと東欧の市場がより重要になる。ドイツは、西欧市場と同様にこれらの地域での市場を期待できる。インド・中国・ロシアの市場は、北米・日本の市場よりはるかに大きくなる。アフリカ市場は、2020年までにエネルギー効率市場で重要になる」と分析している。

ドイツ政府は「Environment Made in Germany」のキャッチコピーの下に環境産業の市場拡大・輸出振興を図っているだけあって、いずれの予測も鼻息が荒い。

次に、そのドイツの環境産業の売上の予測を見る。

ドイツ連邦環境省の『エコロジー産業政策――イノベーション、成長そして雇用』(2008年)には、ドイツの環境産業(環境技術)の売上高の予測が示されている。すなわち、ドイツの環境産業の売上高は、現在、機械産業に匹敵する規模にまで増大し、2020年頃には、自動車産業を追い越し、2030年には、1兆ユーロになると予測される。1兆ユーロは2005年の世界の環境市場の規模に相当する。また、環境産業の売上高は、年平均成長率8%となり、自動車産業の3%、機械産業の2%を大きく上回ることになる。2005年に環境技術の売上高は、産業全体の4%を占めたが、2030年には、16%を占めることとなる。

ドイツでは、国内でも環境産業がリーディング・インダストリーなのである。

では、そのドイツの環境経済のパフォーマンスはどうか。

『環境経済報告2011』によると、ドイツにおける環境機器の生産額は2009年には602億ユーロ、国内総生産に占める割合は5.7%であった。また、環境分野の雇用者数は、2008年には193万人であり、全雇用者の4.8%であった。この193万人の内訳を見ると、建物断熱化を含む設備投資分野で16.8万人、環境機器生産分野で16.5万人、環境機器の輸出分野で7.3万人、環境関連サービス分野で120.5万人、再エネ分野で32.2万人であった。特に、再エネ分野での雇用は大きく拡大しており、2008年の32.2万人は2004年の16.0万人の2倍増である。また、2010年は36.7万人と推定される。

また、2010年の環境分野への設備投資額は、国内総生産の1.4%を占める。政府（国・地方）と民営化された公的事業者が全体の約80%であり、民間の製造業などは20%程度である。

持続性の指標でもある「エネルギー生産性」と「資源生産性」の推移を見ると、1990年から2010年までに、エネルギー生産性は38.6%、資源生産性は46.8%それぞれ向上した。連邦政府の「国家持続性戦略」では、2020年までにそれぞれ2倍にすることが目標である。

また、生産に際しての「エネルギー強度」は、2000年から2008年までの間に8.9%下がった。特に、エネルギー多消費産業の化学では15.6%、金属では29.7%、それぞれ下がった。

そして、環境機器の世界貿易に占める国別のシェアは、2011年では、ドイツが15.2%、中国が14.5%、米国が10.8%、日本が5.9%、イタリアが5.6%であった。中国がハイテンポで追い上げ、ドイツに肉迫している。

このように、エネルギー生産性などドイツの環境経済のパフォーマンスは非常に良好であるが、ミュンヘン大学の教授であり、IFO経済研究所の所長であるハンス・ベルナー・ジン教授は、著書『グリーン・パラドックス――幻想のない気候政策のための意見表明――』（2012年）で、次のような警告を発している。すなわち、「これまで、ドイツやEUを中心にして進められてきた温暖化政策は、例えば、バイオ燃料の増産は世界の食糧問題や地域の生態系問題につながり、風力発電施設はドイツ国内だけでも年間10万羽の野鳥を殺傷し、19世紀のロマン派の画家カスパー・ダビット・フリードリッヒが描いた北ドイツの風景を台無しにするなどの環境問題を引き起こし、また、大きなコスト負担を強いておきながら、CO_2排出量を減らすどころか、排出を加速しているではないか。CO_2排出量を削減していくには、エネルギーの需要側で省エネしたり、再エネを導入したりしてもダメだ。我々が省エネすればするほど、また、再エネを導入すればするほど、国際的な化石燃料価格は安くなり、中国やアメリカの化石燃料消費の増大を助長し、世界中で化石燃料が採掘・供給されるので世界のCO_2は増えるのだ。省エネを進め、再エネを導入するためにドイツやEUで採られている環境税・環境税制改革、再エネ固定価格買取制度、排出量取引、補助金などの温暖化政策の手法は、すべてエネルギーの需要側に対する措置であり、これらは間違っている。本当に必要で効果的な温暖化対策の方法は、化石燃料の供給側に対する措置である。それは、化石燃料鉱山の所有者の金融資産に課税（源泉課税）することだ。こうすることによって、世界の化石燃料の供給価格を引き上げるのだ」というのである。

③ 次世代のグリーン成長のエンジン——「パワー・ツー・ガス」「パワー・ツー・リキッド」

さて、ドイツでは、2050年までのグリーン成長の「エンジン」の開発にも余念がない。

ドイツ連邦環境庁は、2013年10月、2050年に1990年比95%の温室効果ガス削減が可能であるというレポートを発表した。『温室効果ガスニュートラル・ドイツ2050』である。

『温室効果ガスニュートラル・ドイツ2050』は、2050年には1人当たりの温室効果ガス排出量をCO_2換算で概ね1トンにすることが技術的に可能であり、これは、1990年比で約95%減であるとしているのである。

2050年のドイツは、GDPが年率0.7%成長する輸出型の工業国であり、約7,200万人の人口が今日と同レベルの消費生活を営むというシナリオを前提としている。

2050年の部門別の温室効果ガス排出量は、エネルギー部門0トン、工業プロセスなど部門1,400万トン、農業部門3,500万トン、廃棄物・廃水部門300万トン、LULUCF[13]部門800万トンとなり、合計で6,000万トンとなる。これが1990年排出量の5%分である。2050年の製造業全体のエネルギー需要は3,731億kWhであり、このうち1,988億kWhが再生可能メタン、1,592億kWhが再エネ電力

[13] Land Use, Land Use Change and Forestry＝土地利用、土地利用変化および林業。

からそれぞれまかなわれ、151億kWhは紙パルプ業の黒液であるので、需要のすべてがカーボンニュートラルなエネルギーということになる。

このスタディの前提としては、化石燃料や原子力は使わず、また、バイオマスも廃棄物系バイオマスだけを使い、また、CCS（炭素回収貯蔵）を活用しない。2050年には、家庭、交通、業務のエネルギー消費量は、2010年比で半分にすることができることも前提としている。

では、どのようにして、95%減らすのか。風力、太陽光などの再エネ電力を使って水を電気分解して水素を製造し、水素から触媒プロセスによってメタンその他の炭化水素類を生産するというのだ。これを「パワー・ツー・ガス」、「パワー・ツー・リキッド」という。このようにして、再エネ電力から自動車用、飛行機用、船舶用の燃料がつくられるのである。部屋の暖房用の熱や工業プロセス用の熱も、再エネ電力やそれを使ってつくられるメタンが利用される。化学工業においては、石油起源の原料から、再エネ電力を利用してつくられた炭化水素に転換される。

こうした技術、特に、パワー・ツー・リキッドの技術は、まだまだ研究開発が必要であるが、アイスランドには、パワー・ツー・リキッドの初めての商業プラントが既に稼働している。水素はメタンや液体燃料よりも転換ロスは少ないが、エネルギー強度は低い。そして、「パワー・ツー・ガス」、「パワー・ツー・リキッド」のための再エネ電力は、ドイツ国内だけではまかなうことができず、外国での生産も必要になる。また、このスタディでは、経済的なコスト・ベネフィット分析を行っていないが、これは今後の課題だとしている。このように、つねにビジョンや目標を設定して、着実にそれを達成し、また、世界をリードしていこうとするのがドイツ流なのである。

ドイツでは、脱原発が大前提であるので、エネルギー技術のイノベーションが目指され、それによって、温室効果ガスニュートラルが可能になってくるのである。

2050年に向けた次世代のグリーン成長のエンジンの研究が政府レベルで進められているのである。

2　失敗した日本の「グリーン成長」戦略

① 歴代内閣の成長戦略・施政方針演説に見る「グリーン成長」

「グリーン成長」の元祖ドイツの環境経済のパフォーマンスなどを見た。では、日本の「グリーン成長」は進展したか。現在の安倍内閣以前の総理（福田、麻生、鳩山、菅、野田）が毎年入れ替わりで、成長戦略の1丁目1番地に「グリーン成長」を位置付け、また、施政方針演説の中で「グリーン成長」をアピールしてきた。しかし、安倍内閣になって、失速した。なぜか。

6人の総理の成長戦略、施政方針演説の中に「グリーン成長戦略」の原動力などを探る。

まず、2008年1月の自民党福田総理の施政方針演説では、「経済成長戦略の実行」として、「環境分野の進んだ技術など、日本の強みをさらに伸ばすことによって、環境と共生しつつ成長をつづけていくことは十分に可能です」とし、環境による成長戦略を目指した。また、「低炭素社会」として「我が国は、これまで、徹底的に省エネ技術の開発や導入を進め、世界最高のエネルギー効率を実現しました。こうした『環境力』を最大限に活用して、世界の先例となる『低炭素社会』への転換を進め、国際社会を先導してまいります」などと「低炭素社会」を大いに強調した。この年の7月の洞爺湖サミットを睨んだ「低炭素社会」戦略である。

2009年1月の自民党麻生総理の施政方針演説では、「世界最高水準の環境技術と社会システムの構築を目指す『低炭素革命』」を成長戦略の三本柱の筆頭に挙げ、「地球温暖化問題の解決は、今を生きる我々の責任です。同時に、環境問題への取り組みは、新たな需要と雇用を生み出す種でもあります。成長と両立する低炭素社会、循環型社会を実現します。我が国が持つ世界最先端の環境・エネルギー技術を、さらに伸ばすことが必要です。太陽光発電や環境対応自動車の開発・普及などを進めます」とした。

次いで、麻生総理は、2009年4月に「新たな成長に向けて」と題した麻生内閣の「新成長戦略」についての講演を行っている。その中では、第一に「低炭素革命」であるとして「21世紀の低炭素社会において、多分、太陽電池、電気自動車、省エネ家電、こういったものが新たな三種の神器になっていく。そして、高度成長時代と同じように、我々に低炭素社会というものの素晴らしさを実感させ、そして夢を与えてくれると思っております」、「この低炭素革命の分野において、2020年に新たに約50兆円の市場と、140万人の雇用の創出を考えております」とした。

「低炭素革命」という成長戦略を明確に打ち出したのである。

リーマン・ショック直後のこの年には、財政出動によって、グリーン家電、低燃費車等への買い替えなどが始められた。短期的には、具体的な需要増をもたらした。

さて、民主党政権に交代しても、こうした環境による成長戦略は堅持された。戦略の名称は、麻生自民党内閣の「低炭素革命」に替えて、鳩山内閣では「グリーン・イノベーション」になった。

2009年12月の鳩山内閣の「新成長戦略(基本方針)」では、1丁目1番地の「グリーン・イノベーションによる環境・エネルギー大国戦略」において、「2020年までの目標」として、「50兆円超の環境関連新規市場」、「140万人の環境分野の新規雇用」、「日本の民間ベースの技術を活かした世界の温室効果ガス削減量を13億トン以上とすること(日本全体の総排出量に相当)を目標とする」とし、再エネ電力の固定価格買取制度の拡充等による再エネの普及、エコ住宅、ヒートポンプなどの普及による住宅・オフィスなどのゼロエミッション化、蓄電池や次世代自動車、火力発電所の効率化などの革新的技術開発の前倒し、規制改革、税制のグリーン化を含めた総合的な政策パッケージを活用した低炭素社会実現に向けての集中投資の事業の実施をするとした。

「2020年新規市場50兆円、新規雇用140万人」のグリーン成長の目標は政権交代があっても堅持された。

翌2010年1月29日に行われた通常国会における民主党鳩山首相の施政方針演説では、「人間は、成人して身体の成長が止まっても、さまざまな苦難や逆境を乗り越えながら、人格的に成長を遂げていきます。私たちが目指す新たな『成長』も、日本経済の質的脱皮による、人間のための、いのちのための成長でなくてはなりません。この成長を誘発する原動力が、環境・エネルギー分野と医療・介護・健康分野における『危機』なのです。私は、すべての主要国による公平かつ実効性ある国際的枠組みの構築や意欲的な目標の合意を前提として、2020年に、温室効果ガスを1990年比で25パーセント削減するとの目標を掲げました。大胆すぎる目標だというご指摘もあります。しかし、この変革こそが、必ずや日本の経済の体質を変え、新しい需要を生み出すチャンスとなるのです。日本の誇る世界最高水準の環境技術を最大限に活用した『グリーン・イノベーション』を推進します。地球温暖化対策基本法を策定し、環境・エネルギー関連規制の改革と新制度の導入を加速するとともに、『チャレンジ25』によって、低炭素型社会の実現に向けたあらゆる政策を総動員します」とした。

環境・エネルギー分野と医療・介護・健康分野における「危機」が成長を誘発する「原動力」だとしたのである。そして、「大胆すぎる」CO_2削減目標達成のための変革が成長をもたらすとしたのである。

鳩山内閣の次の民主党菅内閣は2010年6月、「新成長戦略」を閣議決定した。ここでは、菅総理の「強い経済、強い財政、強い社会福祉」や「第三の道」を基調としている。第三の道は、第一の道であった公共事業中心の経済運営ではなく、また、第二の道のような市場原理主義の経済運営でもなく、「経済社会が抱える『課題』の解決を新たな需要や雇用創出のきっかけとし、それを成長につなげようとする政策」である。

新成長戦略での「経済社会が抱える課題」は、①社会保障・福祉分野、②環境分野（再エネ・製品、森林の整備・活用など）、③安心・安全な食品、④エコ・耐震・バリアフリーの住宅である。これらの分野での設備投資、住宅投資、消費、政府消費・固定資本形成、また、輸出が進むような政策運営をしていくことである。

このうち、②では、2020年までに、50兆円の環境関連新規市場を創出し、140万人の環境分野の新規雇用をもたらし、日本の技術で世界のCO_2排出量を13億トン（日本の排出量と同じ量）削減するという麻生内閣から始まり、鳩山内閣に引き継がれた目標も堅持している。

成長の「原動力」は、鳩山内閣では環境・エネルギー分野などの「危機」であるとし、菅内閣では環境分野などの「経済社会が抱える課題の解決」であるとしたのである。

菅総理の施政方針演説（2011年1月）では、「新成長戦略の実践」の中で、「長年議論された地球温暖化対策のための税の導入を決定しました。再生エネルギーの全量買取制度も導入します。鉄道や水、原子力などのパッケージ型海外展開、ハイテク製品に欠かせないレアアースの供給源確保は、閣僚による働きかけで前進しています。私みずからベトナムの首相に働きかけた結果、原子力発電施設の海外進出が初めて実現しました」としている。

「グリーン・イノベーション」といった戦略名はないが、環境による成長戦略の堅持である。演説後2か月も経たないうちに、東日本大震災・東京電力福島第一原発事故が起こったのは皮肉であるが、菅総理にとっては原発輸出も重要な成長戦略であった。

菅総理を継いだ野田総理の施政方針演説（2012年1月）では、「幅広く国民各層の御意見を伺いながら、国民が安心できる中長期的なエネルギー構成を目指して、ゼロベースでの見直し作業を進め、夏を目途に、新しい戦略と計画を取りまとめます。併せて、新たなエネルギー構成を支える電力システムのあり方や、今後の地球温暖化に関する国内対策を示します」とした。ここには、環境による成長戦略的な内容は見当たらない。

野田内閣は、2012年7月に「日本再生戦略」を閣議決定した。最重要戦略として、「原発からグリーンへ」のエネルギー構造転換を強力に進める「グリーン成長戦略」を位置付け、国内外で今後需要の増加が見込まれるグリーン（エネルギー・環境）、ライフ（健康）、農林漁業（6次産業化）の3分野など新たな成長を目指す重点分野について、日本経済を支える中小企業の活力を最大限活用しつつ、限られた政策財源を優先的に配分することとした。

この野田内閣の「日本再生戦略」において「グリーン成長戦略」という戦略名が初めて登場したのである。

そして、同年9月に「30年代に原発ゼロを可能とするよう、グリーンエネルギーを中心に、あらゆる政策資源を投入する」などとした「革新的エネルギー・環境戦略」をまとめた。2030年には再エネ電力を総発電電力量の30%、コジェネ電力を同じく15%にするなどの戦略であった。

ここに、「脱原発」が「グリーン成長」の「エンジン」であることが明確になった。

2012年末の総選挙で大勝した自公連立による安倍内閣は、2013年2月の施政方針演説において、「経済成長を成し遂げる意志と勇気」のパートの中で「それから環境技術です。資源制約を抱える世界で、その解決策を、日本は持っています。ここにも、商機があります。最先端の技術で、世界の温暖化対策に貢献し、低炭素社会を創出していくという我が国の基本方針は不変です」とし、また、「日本が世界の成長センターになる」の中では「長引くデフレからの早期脱却に加え、エネルギーの安定供給とエネルギーコストの低減に向けて、責任あるエネルギー政策を構築してまいります。東京電力福島第一原発事故の反省に立ち、原子力規制委員会の下で、妥協することなく安全性を高める新たな安全文化をつくり上げます。その上で、安全が確認された原発は再稼働します。省エネルギーと再エネの最大限の導入を進め、できる限り原発依存度を低減させていきます。同時に、電力システムの抜本的な改革にも着手します」とした。

ここには、グリーン成長戦略を見つけ出すことができない。

まず、「環境技術が商機」とあるが、これは海外の温暖化対策であり、「低炭素社会の創出」も日本国内ではなく世界の低炭素社会なのである。麻生内閣から成長戦略とされてきた太陽電池、電気自動車などの国内での普及などによる「低炭素革命」などには、安倍内閣は「商機」を見い出さないのである。

次に、施政方針演説では触れられていないが、この演説以前に、安倍内閣は、民主党政権下の「CO_2のマイナス25%目標」や「脱原発」を「ゼロベースで見直す」と表明しているのである。

つまり、これまでの内閣が「グリーン成長」の「エンジン」としてきた国内での大幅CO_2削減や脱原発を安倍内閣は否定しているのである。エンジンのないところに成長は生まれない。

安倍政権になって「グリーン成長戦略」には黄色信号が点滅し始めたのである。

その後、安倍総理は、2014年1月の施政方針演説では、「成長分野の可能性を引き出す」として、再生医療・創薬、電力システム改革、原発の再稼働などについて言及しただけである。

また、2015年2月の施政方針演説においては、「エネルギー市場改革」の中で、電力自由化、水素ステーションなどが紹介されているが、もはや「グリーン成長」的な文脈にはなっていない。

なお、アベノミクスは、デフレ脱却を目指して専ら需要不足の解消に重きを置いてきた「第一ステージ」から、人口減少下における供給制約を乗り越えるための対策を講ずる新たな「第二ステージ」に入り、2015年6月、デフレ脱却に向けた動きを確実なものにし、将来に向けた発展の礎を再構築する「『日本再興戦略』改訂2015」を閣議決定した。

「第二ステージ」では、設備や技術、人材等に対する「未来投資による生産性革命の実現」と、活力ある日本経済を取り戻す「ローカル・アベノミクスの推進」の二つを車の両輪として推し進めることによって、日本を成長軌道に乗せるとしているが、いずれにも、環境やエネルギーは小さな位置付けしかない。もはや「グリーン成長戦略」は舞台から降りたのである。

そして、2016年1月の施政方針演説には、環境やエネルギーの言葉さえも出番がなかったのである。

② この国の環境産業──「経済成長のエンジン」にはなれず──

近年の歴代内閣の「成長戦略」で謳われてきた「グリーン成長戦略」を支えてきたのが「環境産業」である。日本の環境産業の市場規模の推移などを見る。

『環境産業の市場規模・雇用規模等に関する報告書』(2015年5月)によると、

2000年以降の環境産業の全体の市場規模は、リーマン・ショックに伴い2009年に大きく落ち込んだものの、着実に伸びている。2000年には57.7兆円であったものが、2013年には93.3兆円となった。全体の市場規模の対前年比の伸びが最も高かったのは2005年（116.8%）であった。

全産業産出額に占める環境産業市場規模は、2000年の6.2%から2013年の10.1%に上昇している。全産業産出額に占める環境産業市場規模の対前年比の伸びが最も高かったのは2005年であった。

なお、環境産業は、環境汚染防止、地球温暖化対策、廃棄物処理・資源有効利用、自然環境保全の4つの分野からなり、また、市場規模は、国内にある環境産業にとっての内外の市場規模（売上ベース）を言う。

4つの分野ごとに見る。

地球温暖化対策（エコカー、省エネ建築など）は一貫して伸びている。地球温暖化対策の市場規模は、2000年の3.8兆円から2013年の28.2兆円に増大した。この分野を牽引しているのは、エコカー（2000年：0.17兆円→2013年：9.2兆円）、省エネ建築（同0.78兆円→同10.3兆円）であり、いずれも、リーマン・ショック後の「景気対策（民間最終消費や住宅投資の刺激策）」として大型の補助金・減税措置がなされたものである。太陽光発電システムは2000年の0.09兆円から2013年の2.7兆円へと30倍以上伸びている。

最も市場規模の大きい廃棄物処理・資源有効利用（リフォーム・リペア、リース・レンタル、リサイクル素材など）は2008年の48.6兆円をピークにして、その後減少し、2013年には43.8兆円となっている。

環境汚染防止（下水・汚水処理、大気汚染処理など）は近年持ち直してきている（2013年13.2兆円）ものの、2006年（13.6兆円）をピークにして減少している。

自然環境保全（持続可能農林水産、上水道など）は、2013年が8.0兆円で最高ではあるが、ほぼ横ばいとなっている。

次に、環境産業による雇用数を見ると、4分野全体では2000年の178.9万人から2013年の254.6万人に増加した。このうち半分以上（2013年に133.7万人）は廃棄物処理・資源有効利用であった。全体の雇用数の対前年比の伸びが最も高かったのは2007年（104.0%）であった。

また、環境産業の付加価値額は2000年の28.0兆円から2013年の40.1兆円に増加したが、これは市場規模の伸びよりも小さい。全産業付加価値額（GDP）に占める環境産業付加価値額の割合は、2000年の5.5%から2013年の8.4%に伸びたが、これも市場規模の伸びよりも小さい。環境産業付加価値額の対前年比の伸びが最も高かったのは2005年（110.0%）であった。

一方、環境産業の輸出額を見ると、2000年の1.7兆円（うち温暖化対策1.0兆円）から2013年の10.1兆円（同7.6兆円）に増加した。環境産業の輸出額の対前年比の伸びが最も高かったのは2005年（150.2%）であった。

輸入額は、2000年の0.5兆円（うち地球温暖化対策0.3兆円）から2013年の3.1兆円（同2.5兆円）に増加した。この2013年の地球温暖化対策の輸入額2.5兆円のほとんどは太陽光発電システムであるが、これは2013年の国内環境産業の太陽光発電システムの市場規模2.7兆円にほぼ匹敵するのである。また、環境産業の輸入額の対前年比の伸びが最も高かったのは2011年（144.2%）であり、次が2013年（120.7%）であった。

このように、この国の環境産業全体の市場規模、雇用者数、付加価値額および輸出額は着実に伸びてきているものの、地球温暖化対策以外の分野ではいずれも概ねピークを過ぎており、全体の市場規模などの対前年比の伸びも2005年または2007年をピークとしているのである。近年の対前年比の伸びが高いのは環境産業の輸入額だけなのである。

安倍内閣以前の5つの歴代内閣の「成長戦略」の1丁目1番地であった「グリーン成長戦略」の中核をなすこの国の環境産業は、エコカー、省エネ住宅などからなる地球温暖化対策以外の分野では、総売上額などでは概ね既にピークを越え、最も勢いがあったのは「グリーン」が成長戦略の中に登場する少し前の2005年、2007年頃であった。

こうした環境産業の実績からも、「グリーン成長戦略」の中核は地球温暖化対策の分野であったことがわかるが、その地球温暖化対策の分野にしても、近年、この分野の輸入額が増大しているのである。ちなみに、2012年7月からの再エネ電力の固定価格買取制度の導入により、太陽光発電の導入量は飛躍的に伸びているが、2014年度第4四半期を見ると、総出荷量430万kWのうち38%が国内生産、62%が輸入となっているのである[14]。なお、固定価格買取制度の10kW以上の太陽光発電の買取価格が5円／kWh下がった2015年度第1四半期の総出荷量は、247万kWと大幅に減ったが、61%が輸入であった。

ここで、2000年以降の環境産業の市場規模、雇用者数の推移が、麻生内閣の新成長戦略（2009年）以来の目標である「2020年までに環境関連新規市場規模50兆円、新規雇用者数150万人」に沿っているかどうかを見る。なお、この目標が今も生きているのかどうかははっきりしない。

2009年の環境産業の市場規模は全体で73.7兆円、2013年が93.2兆円であるので、この間19.5兆円の新規市場が追加されたことになる。

また、2009年の環境産業の雇用者数は全体で224.2万人、2013年が245.6万人であるので、この間21.4万人の新規雇用が追加されたことになる。

環境産業の定義、範囲などは麻生内閣当時のものと同一だとしても、この4年間の実績は市場規模で目標の39%、雇用者数で同じく14.3%である。

したがって、いずれも、2020年までの間に100%にするのは難しいと言わざるを得ない。

一方、この「2020年までの50兆円の環境関連新規市場の創出」は意欲的な目標かどうかを見極めてみたい。前述のように、ドイツ連邦環境省／連邦環境庁は「世界の環境市場は2007年に1.4兆ユーロであったものが、2020年には3.1兆ユーロになる」と予測している。環境市場の定義、範囲などは一致すると仮定すると、2020年までに世界で1.7兆ユーロ（230兆円）の新規市場が生まれる。日本の目標の50兆円は世界の21.7%である。前述のように、ドイツ連邦環境省によると、

[14] 太陽光発電協会による。

環境関連機器の世界市場に占める日本のシェアは2011年には5.9%にまで下がってきているので、目標と単純に比較すると、目標は実績よりも数倍大きい意欲的な目標であることがわかる。「V字回復」が必要になる。

さて、環境産業全体の内外の市場規模は、2000年の57.7兆円から2013年の93.3兆円へと1.62倍も拡大したので、国内の民間設備投資、住宅投資、最終消費などの拡大にも寄与したはずだが、GDP（名目）は2000年の509.9兆円が2013年には480.0兆円へと0.94倍（実質では2000年の474.9兆円が2013年には527.4兆円へと1.11倍）となった。

先に見たように、全産業付加価値額（GDP）に占める環境産業付加価値額の割合は2013年には8.4%となっても、環境産業は経済成長の「エンジン」にはなっていないのである。

環境産業はGDPの拡大にとっては「焼け石に水」であった。

③「新三種の神器」などの需要は「買替需要」、「供給過剰」で多くは「輸入品」

「GNPが大きいか、小さいかなんていうのは、こういうことである」として、昔、次のような話を聞いたことがあるのを思い出す。すなわち、「A国とB国がある。A国には蚊がいるが、B国にはいない。蚊がいるA国では、蚊取り線香が開発され、蚊取り線香を生産・販売する産業が生まれた。蚊に悩まされてきた人々は、競って蚊取り線香を消費するようになり、蚊取り線香産業の設備投資は拡大し、蚊取り線香の消費もさらに伸び、A国のGNPはどんどん大きくなった。一方、蚊のいないB国では、蚊取り線香産業は生まれず、GNPは大きくならなかったが、人々は蚊に悩まされることもなかった」

いったい、人間にとって、蚊がいて、これを退治する産業で経済が成長し、豊かな暮らしができる国のほうがいいのか、蚊がいなく、倹しい暮らしの国のほうがいいのか。筆者は、後者がいいと思うが、この点は、ここでは問わない。

A国では、「蚊対策」が経済成長の「エンジン」になったわけである。

さて、環境と経済の関係は、公害対策の時代から一貫して「対立」「トレードオフ」の関係にあった。ただし、これは環境とミクロの経済主体、例えば企業との関係である。マクロ経済的には、経済停滞下では、設備投資などが増えれば、経済パフォーマンスは改善される。

1970年代から80年代にかけて、厳しい公害規制に対応するため旺盛な官民の公害防止投資がなされた。例えば、第二次石油危機後の1980年には、民間公害防止設備投資額約1.2兆円、政府環境保全経費約0.5兆円・財政投融資0.4兆円、地方公害関係経費決算約1兆円の合計3.1兆円の公害防止投資がなされ、石油危機後の経済停滞をある程度下支えしたと言われる。

地球環境問題への対応が始まった1990年代からは「両立」あるいは「WIN-WIN」の傾向になった。これは、企業が自主的に省エネ、廃棄物削減などに取り組むと、光熱費、廃棄物処理費といったコストが削減されるという面と、環境配慮型の消費や投資が回りまわって、地域経済やマクロ経済との好循環をもたらすという面があった。

さらに、特に2008年秋のリーマンショック後の世界的な実物経済の縮小・停滞に対し、米国、中国、欧州各国、韓国などの景気刺激策の中の大きな割合を民間・公共の「グリーン投資」が占め、「環境投資が経済のエンジン」という関係にもなると言われるようになってきている。この頃、ニュー・エコノミクス財団（New Economics Foundation）やオバマ米大統領候補が「グリーン・ニューディール」を言い出した。これは、前述のように、1980年代初めの「環境と雇用」が最大の課題であった当時の西ドイツで始まった「エコロジカル・モダニゼーション」の考え方が元祖である。

2009年頃、米国、中国などでは、電力インフラ、特に米国の「スマートグリッド」、交通インフラ、韓国では河川を自然に戻す改修などの環境投資が中心となった。

この国の麻生内閣以来の新成長戦略などにおいても、この「環境対策が経済のエンジン」に着目しているが、その中心は麻生総理が言った「新たな三種の神器」である太陽光発電、電気自動車、省エネ家電など「単体」の需要拡大・生産拡大であった。

しかし、これらのうち、太陽光発電以外のハイブリッドカー、LED、グリーン家電などは、国内での需要は、自動車、照明器具、家電製品などが飽和状態にある中で、買替需要分だけではないだろうか。自動車保有台数（乗用車、トラック、バス）について見ると、2008年、2009年に減少して以降、微増で推移し、新規住宅着工戸数も2009年からは年間100万戸を下回るようになったのである。

生産について見ると、海外需要（輸出）を前提にしない限り、これらの国内生産の拡大で、大きな雇用を創出するということにはならない。また、これらは、世界的な大メーカーの大工場が開発・製造し、多くは全国チェーンの大型量販店などが販売しているものであり、地域経済への裨益は少ない。

こうした電気製品、自動車などの「単体」のイノベーションは、買替需要という小さな市場を狙って、大メーカーや大型量販店同士がしのぎを削るという構造になってしまう。

また、繰り返しになるが、大いに拡大が進んでいる太陽光発電システムの国内出荷量の半分以上は輸入されたものである。省エネ家電も、日本メーカーのものも含め、輸入が多い。

最近では、住宅用の太陽光発電の蓄電装置、燃料電池自動車などの普及がアベノミクスの第2ステージの戦略の中で言われているが、これとて、「単体」の機器の拡大である。

ここで、最新の『環境短観』を見てみる。

『平成26年12月環境経済観測調査（環境短観）』によれば、環境ビジネス（環境汚染、地球温暖化、資源循環、自然環境保全）の国内需給については、「供給超過」と回答した企業の割合が「需要超過」と回答した企業の割合を7ポイント上回った。半年前の調査では2ポイント上回っただけだった。今後の予測としては、半年後も10年後も、さらに増加して、それぞれ9ポイントとされた。

このように、環境ビジネスの国内需要は「供給超過」が定着しており、今後、さらに「供給超過」が拡大すると見られるのである。

以上は環境ビジネス全体の傾向であるが、これまで「超過需要」がつづいていた地球温暖化対策分野までもが、今回調査では「超過供給」になったのである。

『環境短観』では、全ビジネスも「超過供給」であり、環境ビジネスは超過の程度は小さいとしているが、地球温暖化対策分野までもが「超過供給」になったということは、国内需給の面では、環境ビジネスは、もはや「エンジン」ではなくなったということであろう。

したがって、「新たな三種の神器」のような「単体」の環境機器などの製造・販売を中心とした環境ビジネスは、買替需要が中心で、かつ、過剰供給であり、多くは輸入製品であるので、既存の大メーカーなどの収益や雇用をある程度維持することはできても、「経済成長のエンジン」にはならないのである。

④ 世界市場では「不戦敗」

この国の環境産業が今後「経済成長のエンジン」の役割を果たしていくには、ドイツのように戦略的に国際市場に打って出るか、あるいは、例えば、スペインやドイツが新築の住宅・建物の熱需要の一定割合は太陽熱利用などを義務化させるといった規制・補助金によってソーラーシステムなどの需要をつくったように、強制的に国内需要をつくるかであろう。

この国の環境産業の世界市場の中の位置付けはどうか。

菅内閣の新成長戦略の中で「世界最高水準の環境技術があるにもかかわらず、『国際競争戦略なき環境政策』によって、本来持っている環境分野での強みを活かすことができなくなっている」と指摘しているように、この国の環境政策は、1990年代後半から、「環境対策によって経済は悪化しない」、「環境対策は雇用の創出になる」などを訴えてはきたが、「環境対策によって強い経済をつくる」あるいは「日本の環境産業に世界市場を占めさせ、世界の環境改善に貢献」などという発想や戦略はまったく持ち合わせていなかったのである。

ドイツ連邦環境庁の『環境、イノベーション、雇用――ドイツの環境経済』(2014年)によると、環境機器の世界貿易に占める国別のシェアは、2011年では、ドイツが15.2%、中国が14.5%、米国が10.8%、日本が5.9%、イタリアが5.6%であっ

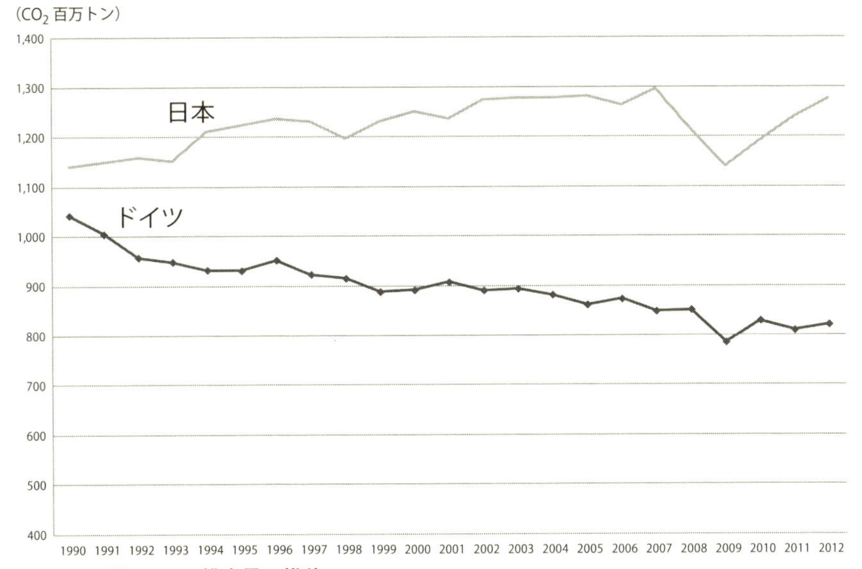

図 3　日独の CO_2 排出量の推移
出典：UNFCCC（without LULUCF）から筆者作成

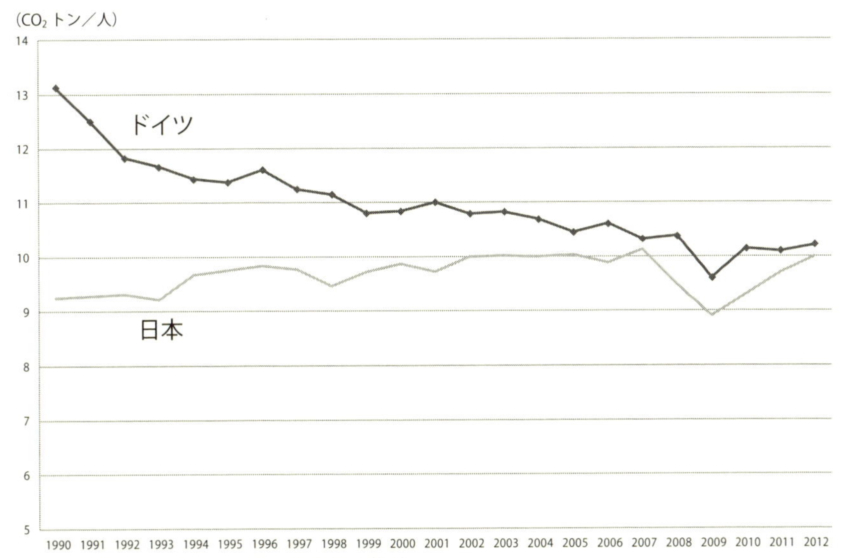

図 4　日独の一人当たり CO_2 排出量の推移
出典：UNFCCC（without LULUCF）から筆者作成

た。1990年代半ばにはアメリカ、ドイツ、日本の順であったが、2000年代初頭からドイツがトップになった。

中国は太陽光発電の輸出を中心に2002年の4%から3倍以上の伸びであり、2005年に日本を、2008年に米国をそれぞれ抜き、ドイツに肉迫している。

1970年代、80年代には、この分野の世界市場を席巻した日本の世界貿易に占めるシェアは着実に低下し、いまや、ドイツや中国の3分の1程度となったのである。

この国の環境産業は、「グリーン成長戦略」以前から、世界市場でのシェアを大きく低下させていたのであり、「国際競争戦略なき環境政策」によって、世界市場でも、この国の「グリーン成長戦略」は失敗（不戦敗）したのである。

⑤「グリーン成長」ならぬ「ブラック停滞」

地球温暖化対策分野の内外の市場規模は、前述のように、2000年の3.8兆円から2013年の28.2兆円へと7.4倍に拡大したので、国内のCO_2の排出削減にも寄与したはずだが、この間のCO_2の排出量を見ると、リーマン・ショックおよび東京電力福島第一原発事故の影響がない2007年度のCO_2排出量は2000年度の1.04倍であり、また、2013年度では同じく1.03倍となった。

また、「新しい三種の神器」など地球温暖化対策分野の内外の売上額は大いに拡大し、この分野の輸入も近年大いに増え、これらが大量に導入（多くは買い替え）されたにもかかわらず、この国のCO_2排出量は増加したのである。

OECDが発表した『グリーン成長に向けて』（2011年）では、「グリーン成長」とは「経済的な成長を実現しながら私たちの暮らしを支えている自然資源と自然環境の恵みを受けつづけること」としている。この国では、ここ20年程度の間、経済的な成長は実現しておらず、また、CO_2排出量は増加しているので、OECDの言う「グリーン成長」ではないのである。

ここで、日本とドイツの「グリーン成長」を比較してみる。指標はCO_2排出量とGDP（名目）である。

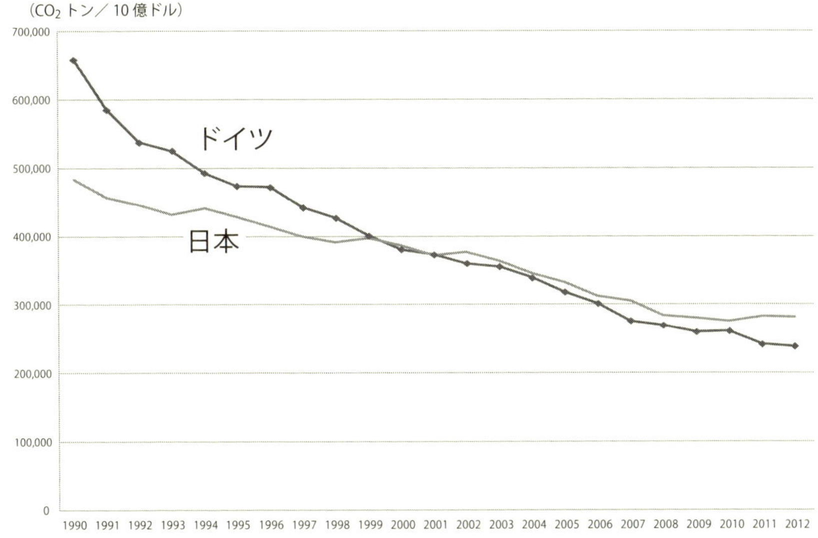

図 5　日独の購買力平価 GDP（US ドル）当たりの CO_2 排出量の推移
出典：UNFCCC（without LULUCF）、IMF World Economic Outlook Databases から筆者作成

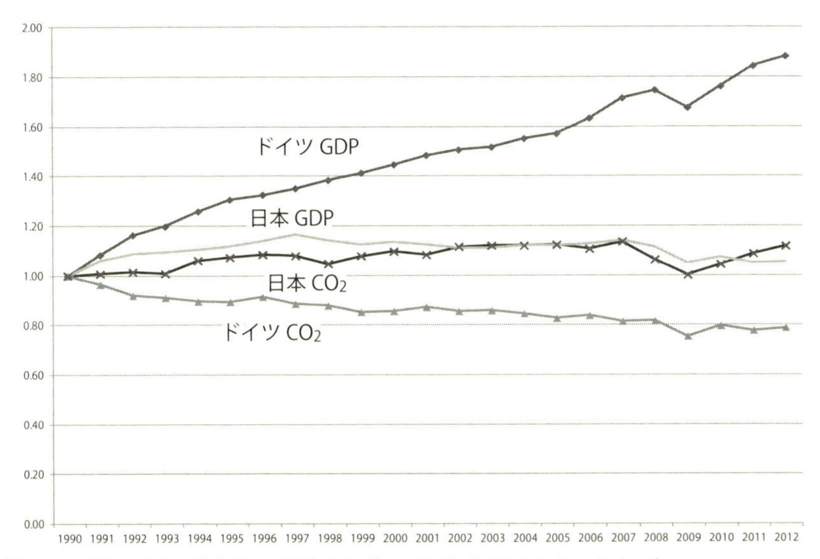

図 6　日独の CO_2 排出量、GDP（名目）の伸び（1990 年を 1 として）
出典：UNFCC（without LULUCF）、IMF World Economic Outlook Databases から筆者作成

ドイツは、4半世紀前に、東西統一を前提に2005年には1987年比でマイナス30%という目標を立てた。これでドイツは気候政策（温暖化対策）のフロントランナーになり、つねに世界をリードしてきた。また、日本は1990年10月に定めた2000年安定化目標が世界から歓迎され、翌年からの国連による条約交渉に弾みを付け、また、1997年のCOP3をホストして京都議定書の採択に貢献するなど、いわば両国はこの分野の牽引者であった。

しかし、その後を見ると、OECDが定義する「グリーン成長」には、両国間で鮮明な差が見られるのである。

まず、この4半世紀間の彼我のCO_2排出量、GDP当たりの排出量などを検証する。

日独のCO_2排出量（UNFCCC〔without LULUCF〕[15]、以下同じ）の推移を比較してみると、1990年代初めには、ほほ同程度の排出量であったが、ドイツでは、2005年頃までは旧東ドイツの工場の近代化、褐炭利用からの転換などによって大いに減らし、その後も、着実に減らしている。一方、日本では、リーマンショック時を除き、微増傾向がつづき、日独間の排出量の差は開くようになっている**【図3】**。なお、ドイツでは、1989年以降原発の新増設はなく、計19基のうち、2000年以降10基が順次運転終了した。日本では、1990年以降、20基が新たに運転開始し、3基（東京電力福島第一原発は含めず）が運転終了した。**図3**を見ると、原発の増減はCO_2排出量推移の大勢には影響していないと言える。

1人当たり排出量の推移を比較してみると、元々は、石油危機以降の1970年代・80年代に省エネが進み、また、気候が比較的温暖な日本はドイツより3割ほど小さかったが、近年では、ドイツの1人当たり排出量は、横ばい・微増傾向の日本の水準にまで下がってきている**【図4】**。

次に、GDP当たりのCO_2排出量の推移を比較する。購買力平価GDP（米ドル）

---

[15] 国連気候変動枠組条約（UNFCCC）事務局が公表している各国のCO_2排出量のうち土地利用・土地利用変化および林業（LULUCF）に伴うCO_2排出量を除いたCO_2排出量。

当たりのCO_2の推移を見ると、元々は大きかったドイツが急激に下がってきており、2000年頃からは、日本よりも小さくなったのである【図5】。

最後に、GDP（それぞれの通貨での名目値）とCO_2排出量の推移を見る。1990年を1として、それぞれの伸びを示すと、GDPとCO_2排出量の推移の関係は、日本ではほぼパラレルに推移しているが、ドイツでは次第に乖離してきている。ドイツでは、典型的なデカップリングの関係が見られる。この間GDPはドイツで1.88倍になったが、日本では1.05倍にとどまった。CO_2はドイツで0.79倍、日本で1.12倍であった。ドイツは明確に「グリーン成長」であるが、日本はまったくそうではない。「ブラック停滞」とでも言うべきか【図6】。

第3節　原子力依存型の温暖化対策はCO_2を増大させる

1　原子力なしでもCO_2大幅削減

①「浜岡原発停止でも、電力供給問題なし、中期的にはCO_2大幅削減も」

筆者は、福島第一原発事故の3か月後、「即原発廃止」でも「発電からのCO_2は2030年には現状比マイナス30%」が可能であることを示した。

2011年5月6日、中部電力浜岡原子力発電所（3基）の2年程度の発電停止が唐突に菅総理から「要請」され、5月10日に中部電力はこれを「受諾」した。その中部電力は、「日本一短期間に脱原発ができる電気事業者」かもしれない。

中部電力管内の地域（長野県、静岡県の富士川以西、愛知県、岐阜県、三重県）では、原発の即廃止でも、2030年頃には発電所からのCO_2を現状比マイナス30%程度は可能であることを検証してみた。

中部電力の発電設備容量は2011年現在3,263万kWであり、このうちLNG（液化天然ガス）火力が1,479万kW、石油火力が501万kW（ほとんどが使われていない）、石炭火力が410万kW、原子力が362万kWなどとなっている。3基の原発の発電停止に伴って供給予備力が小さくなるが、2012～2014年にかけては計238万kWの新規のLNG火力（新潟県上越市）が運転開始となるので、浜岡原発を運転停止・廃止しても十分な供給力があると見ることができる。

次の問題は、CO_2排出量を大幅に削減できるかという点である。中部電力管内のエネルギー需要がピークであった2007年の原発の発電電力量をLNG火力が受け持つと仮定すると、CO_2は1,164万トン増加する。管内の1990年の総排出量の8.3%分の増加になる。それでも、2030年頃にはCO_2を90年比マイナス30%程度にすることは可能である。

2011年5月16日、中日新聞・東京新聞は、この筆者の試算の概要をとり上げた。

2030年に浜岡の3基があるケースとないケースの中部電力管内における総発電電力量、総発電コストおよび発電からのCO_2総排出量の現状（2010年度）との比較を行う。2030年の中部電力管内の電力消費量は地域マクロ経済モデルで予測すると2010年度の6%減となる。浜岡原発の3基がないケースでは、2030年までに、①名古屋市、浜松市、静岡市、長野市、岐阜市等の市内に合計電気出力290万kWのコジェネによる地域熱供給を行う。燃料は市内に供給網がある都市ガスとし、次第に廃棄物系バイオマス（家庭・事業系・産廃系生ごみ、下水・浄化槽汚泥、畜産糞尿等）からのバイオガスの混焼量を増やしていく。②LNG火力が事業用発電のベースロードも担うよう稼働率を引き上げ、石炭火力（碧南）の発電電力量を大幅に減らしていく。③太陽光発電を250万kW、中小水力を220万kW、風力70万kWをそれぞれ導入する。

さて、2010年度の中部電力管内の総発電電力量は1,529億kWhであり、管内の電力需要が2030年には2010年より6%減少することにより、2030年の発電電力量は1,438億kWhとなる。浜岡の3基がないケースにあっても、前述のLNG火力の稼働率の引き上げ、コジェネ、中小水力の導入拡大などによって、1,438億kWhを確保することができる。

総発電コストを見る。2010年度は1兆9,671億円（単価は12.86円／kWh）であり、2030年度は浜岡3基があるケースでは1兆6,598億円（同11.56円／kWh）となり、浜岡3基がないケースでは前述のLNG火力の稼働率の引き上げ、コジェネ、中小水力の導入拡大などによって、1兆6,483億円（同11.46円／kWh）となる。なお、2030年の個々の電源の発電コストは2011年12月の政府の「コスト等検証委員会」の発電コスト試算一覧の値をあてはめた。LNG火力の稼働率が高まると、LNG火力の発電コストは安くなり、風力などの発電コストも2030年には安くなることなどによって、2030年の総発電コストは原発がないケースのほうが、あるケースより若干安いことがわかる。

そして、CO_2排出量であるが、中部電力管内の自家発電を含むすべての発電に起因するCO_2排出量は2010年では7,694万トンであり、2030年における浜岡の3基があるケースでは5,814万トン（2010年比マイナス24.4%）、浜岡の3基がないケース（前述の①〜③のエネルギー需給構造の転換を行う）では5,388万トン（2010年比マイナス30.0%）となる。中部電力の原発はリスクが高いとされる浜岡の3基だけなので、即廃止であっても供給力にまったく支障はなく、以上のようなエネルギー需給構造の転換によって大幅なCO_2削減も可能になる。また中期的には、総発電コストも浜岡がない場合のほうが、ある場合よりも若干小さくなるのである。

このように、中部電力管内では、浜岡の3基は即廃止（あるいは再稼働なし）でも問題が生じないことがわかった。実際に、中部電力は、その後、毎夏、関西電力などに100万kW程度融通しているのである。

ここで、福島第一原発事故以前からの中部電力のCO_2排出量の実際の推移を見る。

2010年度には6,194万トンであった。浜岡原発が運転停止した2011年には8.1%増えて6,630万トンに増大したが、その後、浜岡原発が停止したままでも、排出量は低下し、2012年には6,524万トン、2013年には6,523万トン、2014年には6,170万トンになり、2010年を下回ったのである。

また、電力需要量の変動を捨象してCO_2の経年変化を見るため、中部電力の電力のkWh当たりのCO_2排出係数の推移を見る。2010年には0.473kg／kWh、浜岡原発が運転停止した2011年には0.518kg／kWhと上昇したが、その後は、原子力がないままでも、2012年には0.516kg／kWh、2013年には0.513kg／kWh、2014年には0.497kg／kWhと低下し、2010年のレベルに近づいてきたのである。

浜岡原発が停止していても、停止した翌年にはCO_2は減少し始め、CO_2排出総量は、3年目には停止前年のレベルを下回るようになったのである。

これは、LNG火力の稼働率を上げてベースロードとしても利用するようになったからであろう。短期的には、こういう方法が最も効果的である。中長期的には、前述の①～③のような需給構造の転換である。間違っても、「安い」石炭火力の新増設はしてはならない。なお中部電力では、ほとんど使われていない石油火力

表2　脱原発・脱温暖化ロードマップ私案

発電電力量（百万 kWh）

	2009年	2020年	2030年
原子力 （基数）	2,785 (54)	1,460 (22)	0 (0)
コジェネ	151	1,314	1,682
石炭・石油・LNG	5,891	5,021	4,406
中小水力・地熱	201	1,411	1,196
風力・太陽光	68	490	1,927
発電電力合計	11,202	11,584	11,531

CO_2 排出量（2009 年からの増減、百万トン）

		2009年	2020年	2030年
発電部門	原子力	–	+8,858	+16,240
	コジェネ関係	–	-6,155	-7,051
	石炭・石油→LNG	–	-5,328	-5,347
	中小水力・地熱	–	-6,018	-7,537
	風力・太陽光	–	-2,187	-9,133
発電部門以外	自動車燃費向上	–	-4,744	-5,358
	工場等の燃料転換	–	-4,649	-4,649
	電気自動車・コミュニティサイクル等	–	-189	-194
	木質バイオマス・バイオガス	–	-1,570	-1,811
CO_2	2009年からの増減合計	0	-21,982	-24,840
	CO_2総排出量（百万トン）	1,161	941	913
	1990年比（%）	+1,53	-18.95	-21.36

出典：筆者作成

の代わりに、107万kWの石炭火力を新設する計画を持っており、現在、環境アセスメントを実施中である。

つづいて筆者は、2012年9月、すなわち福島第一原発事故から半年後、また、野田内閣が「革新的エネルギー・環境戦略」(2030年代に原発ゼロ)を決定する1年前に、「『原発ゼロ、再エネ30%、コジェネ15%』でCO_2は2030年に1990年比マイナス20%」を内容とする「脱原発・脱温暖化ロードマップ」私案を発表した[16]。以下は、その概要である。

②「2030年:原子力はゼロ、CO_2は1990年比マイナス20%」全国ロードマップ

2009年に54基、設備容量計4,885万kWである日本の原発は、今後新増設はなく、2020年までに福島第1・第2、浜岡、それに、これらの一部を含めた1985年以前に運転開始された原発を合わせた合計32基(2,574万kW)が廃止され、また、30年までには残りの22基(2,311万kW)が廃止されると仮定する。脱原発に対応し、発電コストを上げることなく発電電力量を補い、また、CO_2排出量削減に寄与するための現実的な方法として、2020年に向けては、①コジェネによる発電・地域熱供給の拡充、②LNG火力がベースロードも担う、③中小水力・地熱発電の拡充、④太陽光・風力の拡充を、この順序で重点的に進める。2030年に向けては、④が中心になる。なお、2020年、2030年のBAU(Business As Usual＝なりゆきケース)は、最終エネルギー需要については2009年と同レベルとし、電源構成等については最新の電力供給計画で明らかにされている2019年と同様と仮定する。

コジェネによる発電は、現状では総発電電力量のわずか5%を占めるにすぎない。国際エネルギー機関(International Energy Agency:IEA)は主要国のコジェネのポテンシャルを予測しており、日本は2030年には総発電電力量の15%がコジェネによる発電電力量と予測されている。ロシアでは40%を超え、英国、ドイツ、イタリア、中国、インド、米国では25%を超えると予測されている。2020

[16]『月刊Business i. ENECO地球環境とエネルギー』2011年9月号(日本工業新聞社)

年までに再エネ電力を総発電電力量の35%にするというドイツの目標ばかり注目されているが、ドイツでは同年までにコジェネを25%に増やし、再エネ電力と合わせて分散型で60%を目標としている。コジェネはこれまでの日本の低炭素社会・脱原発議論ではまったく着目されていない。本ロードマップでは、これを1丁目1番地に位置付ける。IEA（国際エネルギー機関）の予測を根拠とし、コジェネからの電力の総発電電力量に占める割合を2020年に11%（設備容量2,500万kW）、2030年に15%（同3,000万kW）とする。コジェネの拡充によってCO_2排出量は2020年に4,411万トン、30年に4,620万トン削減される。なお、2014年3月現在のコジェネ導入量（設備容量）は1,004.2万kW[17]となっている。コジェネの年度別の新規導入量の推移を見ると、2007年度に100万kW近くに達し、これをピークにして、減少傾向にあったが、2012年度から持ち直してきている。英国、ドイツでは、コジェネからの電力の買取価格の上乗せ制度が導入されている。

次に、生ごみ・紙ごみ、下水汚泥等からバイオガスを生成し、コジェネで都市ガスと混焼する。これによって、CO_2排出量は2020年に160万トン、30年に450万トン削減される。

さらに、コジェネの排熱による地域冷暖房・給湯によって、家庭・業務の灯油・都市ガス消費が削減される。これによって、2020年に1,584万トン、30年に1,981万トン削減される。

以上のコジェネ関係（コジェネ拡充、バイオガス混焼、コジェネ排熱利用）によって、CO_2排出量は2020年に6,155万トン、30年に7,051万トン削減される。

一方、これまで生ごみを焼却するために焼却されてきたプラスチック廃棄物はRPF（Refuse Paper and Plastic Fuel＝廃棄物固形燃料）とし、工場で利用される石炭に代替させる。RPFの石炭代替によって、CO_2は2020年に12万トン、2030年に19万トン削減される。

現有のLNG火力の容量は6,161万kW、設備利用率は52%である。2020年に

[17] 産業用797.2万kW、民生用（家庭用エコウィルなどは含まず）207.0万kW。

は容量は現状維持の6,161万kWで設備利用率76%として4,122億kWh、2030年には老朽化したものを除く6,000万kWで同69%として3,636億kWhとする。このように、LNG火力は設備容量を増やすことなく、設備利用率を引き上げて石炭・石油火力に代替することで、CO_2排出量を2020年に5,328万トン、30年に5,347トン減らすことになる。

再エネは一般的に、発電コストが高く、設備利用率も低く、安定性に欠けると言われる。中小水力、地熱は、設備利用率は高いので、2020年に向けての中核的再エネ電力と位置付ける。2020年までに中小水力は1,000万kW(677万kW追加)、地熱は700万kW(464万kW追加)にする。これらにより、CO_2削減量は2020年には6,018万トン、30年には7,537万トン削減される。

「原発か再エネ電力か」の議論の中で象徴的に扱われるのが太陽光発電である。発電コストが高く(42円/kWh)、設備利用率が低い(12%)太陽光発電は、再エネ電力反対派の格好の標的となっている。太陽光発電は2020年以降の発電コストが低くなったとき(政府・NEDOは2030年までに7円/kWhを目標)の中核的電源とすべきである。本ロードマップでは、2020年までは「長期エネルギー需給見通し(再計算)」(平成21年8月)の最大導入量(6,000万kW強)の半分の導入量(3,000万kW)とし、30年に向けては、環境省の再エネポテンシャル調査の下限の量(1億kW)まで拡充する[18]。

太陽光発電の拡充(2020年3,000万kW、2030年1億kW)によりCO_2は2020年には1,083万トン、30年には3,612万トン削減される。

発電コストが比較的安く(12円/kWh)、設備利用率は太陽光発電よりも高い(20%)風力発電は、本ロードマップでは、2020年までは「再計算」の最大量(1,000万kW)と同量とし、30年は環境省調査の下限の量より少し少ない量(5,000万

[18] 太陽光発電の固定価格買取制度による新規認定容量は2015年10月末現在で7,975万kW。導入容量は2015年10月末現在で移行認定分および新規認定分合計で2,866万kW。

kW）とする[19]。

風力発電の拡充によりCO_2は2020年には1,104万トン、30年には5,521万トン削減される。

2020年、2030年の個々の電源の発電コストは、2011年12月に示された政府の「コスト等検証委員会」の発電コスト試算一覧の値をあてはめた。

CO_2削減策は、発電部門に限らない。工場等における燃料転換（重質油等からLNG・都市ガスへ）、自動車・電気製品の効率向上（買替促進）などが大きな削減をもたらす。原子力撤退で大きく増加するCO_2は、脱温暖化に対応するコジェネ、LNGのベースロード化（設備利用率引き上げ）などの発電部門での方策によって、カバーされ、さらに、工場等における燃料転換などによって削減される。

脱原発に伴って増加するCO_2排出量は、分散型エネルギーの拡充などによって、結果として削減され、2020年には1990年比マイナス18.95%、30年には同じくマイナス21.36%となるのである。

以上が2011年9月に発表した筆者のロードマップ私案であるが、ちょうど1年後に野田内閣は、「革新的エネルギー・環境戦略」を策定している。原発の電源構成比に関しての「国民的議論」を経て策定されたこの戦略の中身は、筆者のロードマップ私案に極めて似ているのである。

③ 直ちに「原発ゼロ」でも総発電コストは増えない

さて、2012年の5月に日本の原発はすべて定期点検に伴う運転停止に入ったが、筆者は2011年の秋に、定期点検後に再稼働せず、すべてが運転停止になった場合に、以下の3点がどうなるのかを試算してみた。

① 既存の電源（自家発も含む）だけで必要な発電電力量をまかなうことができるか

---

[19] 風力発電の固定価格買取制度による新規認定容量は2015年10月末現在で234万kW。導入容量は2015年10月末現在で移行認定分および新規認定分合計で291万kW。

② 原発ゼロによって、CO_2排出量はどのくらい増えるのか

③ 原発ゼロによって、総発電コストはどのくらい増えるのか

結論から言うと、既存の原発以外の電源が順調に稼働し、燃料調達、電力融通、ピークシフトがスムーズにいけばという前提であるが、

① 既存の電源の設備利用率を上げるだけでまかなうことができる

② 発電部門のCO_2は37％程度増える

③ 総発電コストは増えない

ということになる。①と②は、想定内であるが、③は想定外の結果であろう。

2010年度の発電電力量などの実績と2010年度に原発がゼロになった場合との比較を行い、①〜③を検証してみる。

まず、原発がゼロになったとき既存の電源だけで必要な電力需要をまかなうことができるか。

2010年度における事業用発電、自家発電などすべての発電設備の設備容量は合計3億898万kWと見積もることができる。また、発電電力量は合計1兆905億kWh（エネルギーバランス表（2010年度））であった。

これらから、電源ごとの2010年度の設備利用率を計算する。主要な電源を見ると、2010年には、石炭火力68％、原発70％、LNG火力49％、石油火力20％、産業自家発26％であった。原発がゼロになっても、新たな電源を増やす必要はなく、既存のLNG火力などの設備利用率を引き上げれば、必要な発電電力量をまかなうことができる。例えば、設備利用率をLNG火力49％→70％、石油火力20％→40％、産業自家発26％→42％とすると、2010年実績と同じ発電電力量（1兆907億kWh）がまかなえる。

その後、2012年5月から2015年9月まで、実際に原発がゼロになっても（2012年の夏には関西電力の1基が運転）、夏のピーク時においてすら供給不足になったことは1度もない。

次に、原発がゼロになったときにCO_2はどのくらい増えるのか。

既存のLNG火力などの設備利用率を引き上げると、引き上げに比例してCO_2

排出量は増加する。前述のような率の引き上げをすると、これらの電源からのCO_2排出量は、2010年実績(4億1,515万トン)の37%増の5億6,397万トンに増える。この増加分1億4,882万トンは1990年の温室効果ガス排出量（12億3,500万トン）の12%に相当する。もちろん、石炭火力の設備利用率を引き下げ、LNG火力などをさらに引き上げるとCO_2排出量の増加は緩和される。

このように、原発がゼロになるとCO_2排出量は2010年度の値から37%増えると予測したが、2010年度と実際に原発がゼロであった2013年度のすべての電源（自家発を含む）からのCO_2排出量を比較してみる。2010年度には、すべての電源の発電電力量は1兆905億kWhであり、CO_2排出量は4億1,515万トンであった。CO_2排出係数は0.381kg／kWhであった。また、原発がゼロであった2013年度には、すべての電源の発電電力量は1兆446億kWhであり、CO_2排出量は5億4,828万トンであった。CO_2排出係数は0.525kg／kWhとなり、2010年の38%増であった。原発がゼロであるとCO_2排出量は37%増となると予測したが、発電電力量の増減を捨象するため2010年度と2012年度のCO_2排出係数で比較するとCO_2排出量38%の増となった。

最後に、原発がゼロになると、全体の発電コストは増加するのか。

政府の「コスト等検証委員会」の2011年12月19日の配布資料には、主要な電源ごとに、設備利用率、稼働年数などに応じた発電コストの額が算出されている。これを用いて、2010年実績の総発電コストを計算すると、合計16兆5,527億円となる[20]。

原発をゼロにし、LNG火力、石油火力、産業自家発の設備利用率を前述の率で引き上げた場合の総発電コストは16兆5,449億円となり、2010年実績とほぼ同額となる。LNG火力、原子力などの設備利用率を引き上げると、発電電力量が増加し、発電コストが低くなる。設備利用率が高いほど、また、稼働年数が長

[20] 産業自家発は石油コジェネ、廃棄物発電は木質バイオマス発電の発電コストの値をそれぞれ代用した。

いほど、資本費、運転維持費が低くなるからである。なお、コスト等検証委員会の配布資料では、燃料費については、2020年、2030年におけるIEAのシナリオに応じた燃料費上昇率を用いているが、福島第一原発事故後のLNGスポット価格の上昇は織り込まれていないので、実際には前述のような設備利用率を前述の率で引き上げた場合の総発電コストは2010年実績を上回ると考えられる。

以上により、原発がゼロになっても、既存（2010年度）のLNG火力、石油火力および産業自家発の設備利用率を引き上げることにより、CO_2排出量がかなり増えるが、発電電力量をまかうことができ、また、これによって、発電コストが増大することはないことがわかったのである。

④ 中小水力・地熱・バイオマス発電やコジェネは公共事業で

前述の全国ロードマップ私案などにより、分散型エネルギーの拡充、燃料転

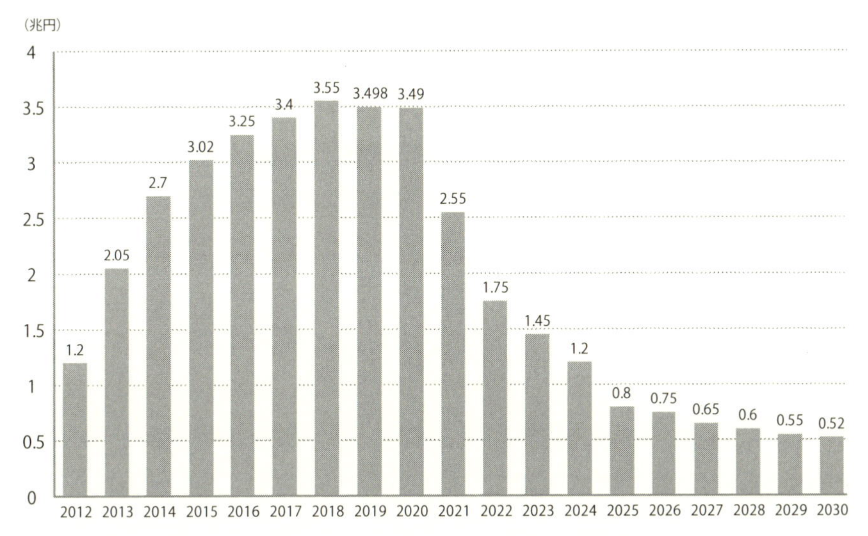

図7　2012～2020年まで毎年2.94兆円の中小水力等の公共投資と毎年2.98兆円の太陽光発電等の民間設備投資がなされる場合の毎年の国・地方の税収予測（累積で37.3兆円の税収）
出典：筆者作成

換を中心とすることで、原発なしで、大幅なCO_2削減ができることがわかった。

では、中核的な分散型エネルギーに位置付けられた中小水力発電、地熱発電、バイオマス発電、コジェネなどは、どうやって一気に進めるのか。

コジェネ以外は、いずれも固定価格買取制度の対象となり、買取価格は、再エネの種類、規模によって異なるが、13〜40円／kWhである。固定価格買取制度によって、太陽光・風力発電では民間の発電事業者が急増するであろうが、手続きや工期などで設置に時間を要する中小水力・地熱発電には民間の事業者はどうだろう？

中小水力発電は、河川環境整備事業、土地改良事業、下水道事業、上水道事業、工業用水道事業といった公共事業の場において導入される。また、地熱発電は自然公園等事業が実施される地域に導入される場合が多いだろう。したがって、中小水力発電や地熱発電は公共事業として、国・地方公共団体が事業主体となって実施すべきである。実際の工事、運営などは、地元の工務店、NPOなどが請け負う。

では、その財源は何か。この中小水力発電・地熱発電の発電設備、コジェネの熱導管を含む熱供給設備、生ごみなどからのバイオガス生成施設の3種類の「地域エネルギー公共事業」の初期投資額は、2012〜2020年までの9年間で、年平均2.94兆円と試算される。年平均2.94兆円の公的固定資本形成である。また、2020年までに風力発電が781万kW、太陽光発電が2,718万kWと「控えめに」追加されると、コジェネの発電設備と合わせて合計2.98兆円の民間設備投資がなされる。

電力部門での措置のうち、中小水力発電（2009年から677万kW拡充）・地熱発電（同646万kW）、コジェネ（同2,303万kWp）の熱導管を含む熱供給設備、生ごみなどからのバイオガス生成施設の4種類の事業は公共事業として推進し、風力発電（同781万kW）・太陽光発電（同2,718万kW）、コジェネの発電設備の3種類の事業は民間事業者が推進すると、中小水力発電などの公共事業投資額は2012〜2020年までの9年間で年平均2.94兆円、同期間における風力発電・太陽光発電などの民間企業による設備投資額は年平均2.98兆円とそれぞれ試算される。

ちなみに、固定価格買取制度で認定された太陽光発電の2013年度の導入量は704.2万kWであり、その他の再エネ電力も合わせると718.5万kWである。太陽光発電がkW当たり40万円として2013年度の総設備投資額は2.82兆円となり、上記の筆者の民間企業による設備投資額が年平均2.98兆円という試算は極めて妥当な数字であると言える。

また、2015年10月までに認定された太陽光発電は7,975万kWであり、そのうち、導入されたのは2,370万kWであり、これから導入されるのが認定量から導入量を引いた量の80%として4,484万kWとなる。同じく40万円／kWとすると、2015年11月以降、少なくとも17.9兆円の太陽光発電の設備投資があることになる。

次に、筆者が見込んだこれらの設備投資などによる経済・雇用創出効果を見る。「Economate-Macro」によって作成したマクロ経済モデルで予測した2030年までの基準予測ケースに、これらの公共・民間の投資額（公的固定資本形成、民間企業設備投資）をそれぞれ2012年から2020年まで追加すると、国内総生産（名目）は2020年に10.119兆円の増加、2030年に0.155兆円の増加と予測される。雇用者数は全国で2020年に26万人の増加、2030年に3万人の増加となる。

このように、原発なしで大幅CO_2削減を図る措置はGDP増大、雇用創出をもたらすことがわかる。

固定価格買取制度が導入されることによって、風力・太陽光発電事業、特に太陽光発電事業には、膨大な数の事業者が参入するであろう。したがって、年間3兆円程度の民間企業設備投資の追加は実現されるであろう。一方、中小水力など4種類の措置は公共事業で実施すべきであり、そのためには、国・地方自治体にとっての財源が必要となる。

ところで、2012～2020年までの9年間に毎年2.94兆円の中小水力等の公共投資（公的固定資本形成）と毎年2.98兆円の太陽光発電等の民間設備投資が追加的になされると、**【図7】**のように毎年の国・地方の税収も増加する。2012年から2030年までの年間の税収の増額は、この間の累積額を合計すると37.3兆円と推計される。これも「Economate-Macro」で作成したマクロ経済モデルで推計したものである。

こうしたことから、2012～2020年までの中小水力発電などの公共投資（公的固定資本形成）の毎年2.94兆円、9年間の累積26.46兆円の政府・地方の財源は、この将来の税収37.3兆円を償還財源とする「公債」の発行によって十分まかなうことができる勘定になる。もちろん、自治体に、国などからの補助金を含め自前の財源があるなら、公債を発行しなくてもいい。

温暖化対策の政策手段というと、とかく環境税、排出量取引といったような「価格」に着目したいわば「新古典派型の経済手段」ばかりに着目されてきたが、このような「投資」に着目した手段を採るべきではないだろうか。

なお、中小水力・地熱・バイオマス発電などからの電力も固定価格買取制度の対象であるので、当然のことながら、これらの公共事業の事業主体である地方自治体にも、25.2～35.7円／kWhの収入が転がり込むことになる。

2 「原子力パラドックス」

① 原発に依存する温暖化対策はCO_2を増加させる

第1節で見たように、日本政府は、京都議定書の目標を達成するため、2010年までに原発を21基増設するとしたが、その後、原発大増設の目論見が外れそうであることが次第に明らかになり、1998年に立てた2010年までに21基増設という計画を、2002年には13基に、2005年には5基にそれぞれ縮小した。また、2003年からは、中越地震などの地震に伴う停止などが頻発し、全国の原発の平均的な稼働率は大幅に下がるようになり、その分は火力発電所を焚き増しするので、予想外のCO_2排出量の増大となった。原発21基増設で目論まれたCO_2削減量は、家庭や学校・オフィスなどの部門が担うことになり、強力な「国民運動」が展開され、国民・市民は「環境疲れ」に陥った。そこに福島第一原発事故が発生し、その後、浜岡原発3基の発電停止が菅総理から要請され、他の原発は順次、定期点検で発電を停止した。

これらの結果、CO_2は大幅に増えた。電力会社の発電所からのCO_2排出量は、福島第一原発事故の2010年度（原発の発電電力量は2,882.3億kWh）には3億6,800万トンであったものが、ほぼ原発がゼロであった2013年度（同93.0億kWh）には4億7,865万トンになった。1.30倍の増加である。2013年度の2010年度からの増加分1億1,065万トンは2013年度の総排出量（12億3,489トン）の9.0%に相当する。

このように、計画どおりに新増設は進まず、また、地震などによる運転停止に伴う稼働率の低下も頻発し、さらに福島第一事故のようなシビアアクシデントも現実のものとなった「信頼できない」原発に大きく依存してきたこの国の地球温暖化対策は破綻したのである。

大きな犠牲を払って「（原発は信頼できないので）原発に依存した地球温暖対策はCO_2を増加させる」という教訓を得たのである。これは、「原子力パラドックス」とでも言うべき教訓であろう。

また、第2節で見たように、原発回帰路線に伴いグリーン成長戦略は大失速しているのである。第二次安倍内閣になって、それまでの「2020年マイナス25%のCO_2中期目標」、そして、「2030年代原発ゼロ」の方針をそれぞれゼロベースで見直すこととした。これによって、麻生内閣時代から各内閣の「成長戦略」の1丁目1番地として位置付けられてきた「グリーン成長戦略」、特に、「原発からグリーンへ」のエネルギー構造転換を強力に進める2012年7月の「日本再生戦略」は反故にされ、「グリーン成長戦略」は失速していったのである。

安倍総理の地球温暖化対策の基本戦略は、第一次安倍内閣の頃から一貫して「日本の技術で海外のCO_2排出量を大幅に削減することに貢献する」ことであり、国内では、第一次安倍内閣当時は「1人1日1kg」という「国民運動」だけであった。そして、第二次安倍内閣の成長戦略にも「グリーン成長戦略」の要素はないのである。

「日本再生戦略」や「革新的エネルギー・環境戦略」は「『原発からグリーンへ』

のエネルギー構造転換によってCO_2大幅削減」としたのである。まず、「脱原発」の方針があって、「グリーン成長戦略」（再エネ、コジェネなどへのエネルギー構造転換）が加速され、その結果、「CO_2の大幅削減」が実現するのである。

逆に言えば、「原子力に依存する地球温暖化対策は（エネルギー構造転換が進まないので）CO_2を増加させる」ということになる。これも、「原子力パラドックス」とも言うべき教訓である。2重の「原子力パラドックス」である。

今の安倍内閣は、これら大きな犠牲を払って得た「原子力に依存する地球温暖化対策はCO_2を増加させる」という教訓を無視し、「原子力依存によってCO_2大幅削減」と先祖帰りしているのである。

② 政府の新しい「エネルギー需給見通し」に基づく2030年目標の致命的な欠陥

2015年7月に、安倍内閣は、新しい「長期エネルギー需給見通し」に基づく2030年の温室効果ガス削減目標を国連の気候変動枠組条約事務局に提出した。

ここには、致命的な欠陥がある。それは、大きな犠牲を払って得た「原子力に依存する温暖化対策はCO_2を増加させる」という教訓を無視し、「原子力依存によってCO_2大幅削減」と先祖帰りしている点であり、これでは、到底目標達成はできない。

目標が達成できない理由は3つ。

1つ目は、原子力は信頼できない電源、目論見どおりにはならない電力だという点である。ある程度の地震でも原発は安全のために稼働停止になるが、これにより、原子力の稼働率が下がるという経験は2003年以降頻繁に経験している。今回のエネルギー需給見通しでは2030年の原子力の稼働率を70%としている。控えめに設定しているつもりであろうが、70%を下回ったら、そのCO_2削減予定分を誰が負担するのか。今度は国民生活や職場に負担をかけないようにしてほしい。

2つ目は、原子力が2030年の電源構成の中で20～22%を占めるためには、現在運転停止中の原発の再稼働だけでなく、原子力発電所の新設や原子炉の運転期間（40年）の延長が前提になるわけだが、これらに確証がない。また、これらを前提にすべきではない。20～22%に達しなかったら、そのCO_2削減予定分を誰が負担するのか。

3つ目は、原子力に依存するので、再エネ、コジェネ電力への転換が進まないという点である。今回のエネルギー需給見通しでは2030年の電源構成の中で、原子力を20～22%とした上で、再エネ22～24%、コジェネ11%としている。前述の筆者の2030年までの全国ロードマップや野田内閣時代の「革新的エネルギー・環境戦略」のように、「原発ゼロ」をエネルギー構造転換のエンジンとして、少なくとも、再エネ30%、コジェネ15%とすべきである。

原発に依存した地球温暖対策ではCO_2大幅削減ができないのである。

3 「脱原発」が「CO_2削減」のエンジン：ドイツ

① 原発から再エネ・コジェネへの「エネルギー構造転換」

40年以上にわたって原発の是非が社会的・政治的対立をもたらしてきたドイツでは、1998年の連邦議会選の結果、シュレーダー赤緑連立政権（社会民主党と緑の党の連立）が16年つづいたコール保守政権に交代し、2000年に電力会社との間で脱原発に合意した。

2大政党のひとつである社会民主党では1970年代初めから原子力をめぐって大きな党内論争があった。1970年代後半、当時のシュミット首相は「石油危機後の経済停滞を克服するには原子力発電が必要」として、原発推進を決めた。これを契機に少なからぬ党員が党を出た。彼らは「緑の党」づくりに合流した。すべての既存政党が原発容認になったので、反原発の政治勢力はみずからの政党をつくり、議会に入ることを目指したのである。全国レベルの「緑の党」は、1983年の連邦議会選で初めて議席を得た。野党となっていた社会民主党は、チェルノブイリ事故（1986年）後の党大会で脱原発に変更した。そして、1998年の連邦議会選の結果、社会民主党は緑の党との間に連立協定を結んで赤緑連立政権が成立した。この連立協定では、脱原発、再エネ法、エコロジー税制改革などの革新的な環境エネルギー政策の実施が合意された。

シュレーダー赤緑連立政権が2000年5月に電力会社と合意した脱原発の方法は以下のとおりである。

まず、原発の新設は禁止する。次に、原子炉の運転年数を32年とした。運転年数をめぐっては、緑の党が20年、電力会社が40年をそれぞれ主張したと言われる。原子炉ごとに32年間の発電電力量から2000年1月時点における残存発電電力量を算定し、各炉に割りあてる。この残存発電電力量が到来したら原子炉は発電を止め、廃炉にする。また、例えば、古く非効率の原子炉を早めに廃炉にする場合には、その炉の残存発電電力量を比較的新しい炉の残存発電電力量に移転することができる。ドイツで最後に原子炉が設置されたのは1989年であるので、これが発電を止めるのは32年後の2022年に全廃になるが、この残存発電電力量の移転があると、2022年が伸びることになる。

電力会社の社長たちとの徹夜の調整を成し遂げたシュレーダー首相は記者会見で「原発は環境リスクが高い、コストも高く経済的ではない。それに、これまでの30年間ドイツでは原発の存在が社会的対立をもたらしてきた。だから原子力を止めるのだ」と説明した。

原発から再エネ・コジェネへの「エネルギー構造転換」(Energie Wende)を進めることによって雇用創出を図ることも目指された。

2001年には原子力法が改正され、法的にも脱原発が整備された。

なお、ドイツでは、1989年にバッカースドルフ(バイエルン州)に予定されていた再処理工場建設計画を放棄し、また、1991年にはほぼ完成していたカルカー(ノルトライン・ウエストファーレン州)の高速増殖炉の建設の中止を決定している。

② フクシマ後の「再」脱原発

2005年頃から、「原子力ルネサンス」と言われるようになった。

日本の重電メーカー、電力会社、政府は勇気づけられ、国内では予定どおりに大幅な新増設は進まなかったが、菅内閣の「新成長戦略」(2010年)では、官民挙げた原子炉の輸出が謳われ、実際、ベトナムへの売り込みが成功した。

米国では30年ぶりに新しい原発建設が計画された。

ドイツでは、メルケルを首相とする保守連立政権(第2期メルケル政権)が2009年10月に発足した頃から、17基ある原発のうち7基を一度に廃止しなくてはいけない時期が近づいたため、予定どおり廃止するのか、それとも廃止を延期するのかが大きな争点になっていた。1970年代からの「Atom Kraft Nein Danke」(「原発、ナイン・ダンケ」)ならぬ「Atom Ausstieg Nein Danke」(「脱原発、ナイン・ダンケ」)という標語も登場した。

その頃、ドイツの有力な政治週刊誌である『DER SPIEGEL』(2010年9月20日号)は、再エネのコストを特集していた。「クリーンなエネルギーの高価な夢」が同号のタイトルである。同誌によれば、ドイツでは、2050年には、電力の81%(2009年16%)、一次エネルギー供給の50%(同9%)を再エネにする計画であるが、計画どおりに進むと、電力料金は今後25年間に、現在の6.5セント(約7.3円)/kWhが23.5セント(約26.6円)/kWhにまで高まる。これまで、政府は太陽光発電のために600億ユーロ(約6兆7,800億円)~800億ユーロ(約9兆400億円)の補助をしてきたが、これによって、電力に占める太陽光発電の割合はわずか1.1%引き上げられたにすぎない。固定価格買取制度によって、一般の電力需要家の電気料金は、2010年には付加価値税を含め85ユーロ(約9,600円)/月であったが、2011年には、さらに60ユーロ(約6,780円)/月~145ユーロ(約16,385円)/月も上がることになる。また、再エネからの電力を溜めておくためには揚水発電が有効である。現在、ドイツ国内には6,400MWの能力があり、さらに2,500MWの可能性があるが、計画どおりに進めるには2万5,000MWの能力が必要になる……といった高コストが指摘されているとし、さらに、鉄鋼、セメント、アルミなどの基礎資材産業には、現在87万5,000人が働いているが、計画どおりに再エネからの電力が増加していくと、ドイツの産業はエネルギーコストの低い外国に移転しなくてはならなくなる、との産業界のコメントも紹介されていた。脱原発論者や再エネ推進論者にとっては結構衝撃的な特集であった。

第2期メルケル政権は、同じくメルケルを首相とした社会民主党との大連立政権（第1期メルケル政権）よりも、環境政策を重視していないと言われたが、自然保護団体の幹部から登用された連邦環境庁のファルスバート長官は「原子力発電については、米国オバマ政権が地球温暖化のため積極的に活用しようとしているが、ドイツ政府は方針転換しない」（『南ドイツ新聞』2010年2月20日）、「まず、原発を予定どおり撤廃し、石炭火力がこれに替わる。長期的に見ると、古くなった石炭火力は更新しない。その間、再エネを増やす。2030年から2050年にかけては、この戦略である」（同紙）としていた。第2期メルケル政権のレトゲン環境大臣も、この考えのようであった。

しかし、メルケル政権は、2010年12月、原子炉の運転期間を平均12年間延期することを決めた。

約2か月後の2011年3月11日、日本で東京電力福島第一原子力発電所の事故が発生した。ドイツでは、事故直後に実施された2つの州議会選挙で「緑の党」が大躍進した。このうち、バーデンビュルテンベルク州では「緑の党」が第一党となり、16ある州で初めて「緑の党」の代表が州首相になった。

同年5月30日、東京電力福島第一原子力発電所の事故を契機に、メルケル首相の諮問を受け、同年4月4日から5月28日まで、脱原発のあり方を検討してきた「倫理委員会:安全なエネルギー供給」[21]は、報告書『ドイツのエネルギーシフト――未来のための共同作業』をメルケル首相に提出した。

報告書において、倫理委員会は「10年で脱原発できることを確信した」として、今後10年間で脱原発しても、「リスクの少ない」電力の供給力は確保され、また、CO_2の削減目標（2020年に1990年比マイナス40%）を達成することができ、脱原発に伴って電力料金が引き上げられることもないのでドイツ経済の国際競争力を

[21] 委員長はクラウス・テッファー元連邦環境大臣、前国連環境計画（UNEP）事務局長。

損なうこともない、などとした。

脱原発のスケジュールについては、レトゲン環境大臣は5月30日の記者会見で次のように説明している。「現在、ドイツには合計17基の原子炉があるが、まず、「フクシマ」直後に停止させた古い炉の7基と検査中の1基の計8基（850万kW）は再開させない。そして、3基の最新の炉は遅くとも2022年には、残りの6基は遅くとも2021年には、それぞれ廃炉にする」。

結果としては、2000年のシュレーダー政権の脱原発の決定に戻ることになった。報告書にも記されているが、いまや「原発、賛成か反対か？」ではなく、「脱原発、早いか、遅いか？」が論点なのである。

倫理委員会は、まず、「フクシマ」の事故によって、日本のような高度に組織化されたハイテク国においてすら、大災害に対する予防措置や緊急時対応には限界があることが示されたという「無条件の判断」と、石炭、バイオマス、水力、風力、太陽エネルギー、核エネルギーを使うことのリスクには差異があるが、比較できるという「相対化したリスクの比較考量」との両面から、ドイツにおいては、核エネルギーをエコロジー的・経済的・社会的に適したリスクの少ない技術によって代替していく必要があると判断した。その上で、脱原発をめぐるさまざまな論点・課題を検証した。

報告書によれば、現在、ドイツには9,000万kWの発電容量があり、そのうち原子力発電は約2,000万kWである。ピーク時には8,000万kWが必要である。原発は最初の8基（850kW）が廃止になっても、8,150万kWの発電容量（うち原発1,150万kW）がある。2013年までには、火力発電所が1,100kW増設され、この間に、古くなった火力発電所約300kWが廃止になる。さらに、2020年までには、コジェネが1,200万kW、バイオマス発電所が250万kW、従来型の発電所が700万kW、それぞれ追加される予定である。一方、連邦エネルギー・水事業同盟によると、2019年までに約50か所の発電所（風力、天然ガス、石炭、褐炭、バイオマス、廃棄物、水力など）で約3,000万kWの導入が予定されている。このようなことで、2022年までに合計約2,000万kW分の脱原発が完了しても、発電容量には余裕がある。脱原発するとドイツはフランスなどからの電力の輸入に依存せざるを得ないのではないかという脱原発に関する論点については、「2015年からEU加盟国の電力市場は統合されるが、脱原発しても一方的な輸入にはならない」としている。CO_2削減目標達成、ドイツ経済の国際競争力なども検証した。

このように、ドイツが2000年に採用した脱原発の方法（「新設なし」、「各原子炉の運転期間32年」など）は、一旦は原子炉の運転期間の平均12年の延長が図られたが、すぐに元に戻ったのである。

この国では、福島第一原発事故後、原子力法制の中で、原子炉の運転期間を40年と決めたが、併せて、個別の原子炉は40年を延長することもできることとした。また、新設禁止は定められていない。

さて、ドイツでは、2011年に一気に8基の原発を廃止にしたのであるが、これに伴いCO_2排出量は増加したのだろうか。ドイツ連邦環境庁（UBA）の温室効果ガス排出量のデータから、エネルギー転換部門のCO_2排出量の経年変化を見ると、2010年3.71億トン、2011年3.68億トン、2012年3.79億トン、2013年3.77億トン、2014年3.55億トンとなっている。これから見ると、2011年に8基の原発が廃止なっても、CO_2は2010年より減少しているのである。2012年には増えたが、その後減少し、2014年には2010年比4.3%の減少となった。これは、再エネ・コジェネの増加や石炭・褐炭から天然ガスへの転換によるものと見られる。

まだ9基の原発が稼働中であり、3基の最新の炉は遅くとも2022年には、残りの6基は遅くとも2021年には、それぞれ廃止の段取りとなっている。

このように、2000年に決定されたドイツの脱原発の方法は、現実的・段階的であり、CO_2排出量にも影響を与えていないのである。

これは、「脱原発」堅持が再エネ・コジェネへの転換などのエネルギー構造改革の「エンジン」になっているからであろう。

2030年の電源構成などの予測を見る。

ドイツ政府が欧州委員会（EC）に提出した『将来予測報告書』によると、発電電力量は2030年までに5,710億kWh減少し、2030年の電源構成は原子力

0%（2010年22%）、石炭16%（同18%）、褐炭15%（同23%）、天然ガス11%（同14%）、再エネ54%（同18%）などとなる。一次エネルギー供給量は2005年から2030年までに19%減少し、2030年の一次エネルギー構成は石油27%、再エネ26%（バイオマス16%、風力6%、その他4%）、天然ガス24%、石炭13%、褐炭10%、原子力0%となる。

2030年の電源構成は、原子力がゼロになり、石炭・褐炭、天然ガスも減り、再エネだけが3倍増になり、全体の半分を超えるのである。

「脱原発」は、2030年に向けては、再エネを拡大させるだけでなく、化石燃料の縮小への「エンジン」となっていることがわかる。「脱原発」がダブルでCO_2排出削減に効いてくるのである。

4　電気に頼ると無駄やCO_2が増える

①　日本のエネルギーの高い「無駄率」

この国では、一次エネルギー国内供給量（石油、石炭、天然ガス、原子力などの供給量）は、最終エネルギー消費量（家庭、産業などでの灯油、都市ガス、電気などの消費量）の1.56倍（2013年度）である【図8】。この比率は、主に、一次エネルギーから二次エネルギー（電力、ガソリンなど）に転換する際のロス（転換損失）が大きいほど、大きな値になる。特に、日本の電力会社の発電所は、発電排熱をまったく住宅・工場などに供給していないので、ロスが大きく、この比率が高い。

2013年度のエネルギーバランス表によれば、一次エネルギー国内供給量（19.3EJ[22]）＝最終エネルギー消費量（12.3EJ）＋転換損失（7.0EJ）である。そして、転換損失7.0EJのうち、4.6EJが電力会社の発電所から海や空に捨てられている熱であり、1.2EJが送電ロスや発電所内消費である。この国全体で捨てられている発電排熱の量は、この国全体の家庭・業務の熱需要量（石炭・石油・都市ガス・

[22]　エクサジュール（Exa-Joule）＝100京ジュール。

LPGの合計量）の3.4倍（2013年度）にもなるのである。これが、この国のエネルギー需給の第1の「無駄」な構造的特徴である。

ちなみに、IEAの「エネルギー・バランス・フロー統計」から、主要国の「一次エネルギー国内供給量／最終エネルギー消費量」の値を算出し、比較してみると、この中では日本は中ほどに位置する【図9】。これらの国々の間の最大と最小の値の差は、1.59倍もある。この値は一次ネルギー国内供給の「無駄率」と言ってもよい。この値を1に近付けることがエネルギー政策にとって最も重要な課題であろう。

さて、この国の「一次エネルギー国内供給量／最終エネルギー消費量」の値は、図8で示したように、90年代半ばから2003年にかけて減少してきたが、2005年あたりから急激に上昇している。1990年代半ばから値が減少してきたのは、LNGコンバインドサイクル発電の普及による発電の際の熱効率の向上があったからではないかと考えられる。では、2005年あたりからの急激な上昇の原因は

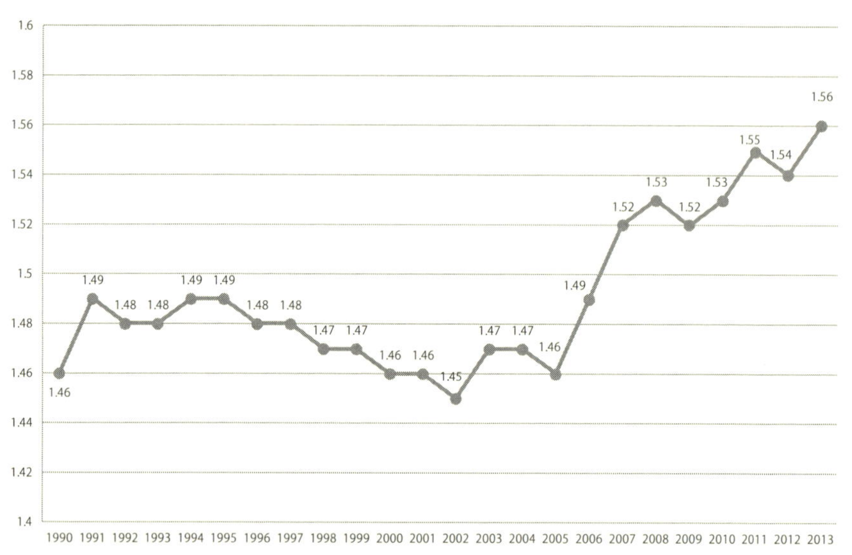

図8　日本の「一次エネルギー国内供給／最終エネルギー消費」の推移
出典：総合エネルギー統計から筆者作成

何か？

1990年度と2012年度の総合エネルギー統計のデータを使って説明してみる。

1990年度から2012年度にかけて、電力消費量は、国全体で1.22倍、産業0.74倍、家庭1.56倍、業務1.71倍、運輸1.08倍と、産業が減り、家庭・業務が大きく増えた。部門別の電力消費の割合を見ると、90年度では産業（45%）、家庭（25%）、業務（28%）、運輸（2%）だったが、12年度になると産業（27%）、家庭（31%）、業務（39%）、運輸（2%）と、産業の割合が減り、家庭、業務の割合が高まった。このように、この20年の間に、電力消費量でも、全体の電力消費量に占める割合でも、産業から家庭・業務へのシフトが見られることがわかる。

この間の総人口は1.03倍、家庭のエネルギー消費量は1.24倍であるが、なぜ家庭の電力消費は1.56倍にも増えたのか。「家庭電力消費量＝人口×（家庭電力消費量／家庭エネルギー消費量）×（家庭エネルギー消費量／人口）」ということができる。22年間の倍率で見ると、1.56＝1.03×（1.56／1.24）×（1.24／1.03）

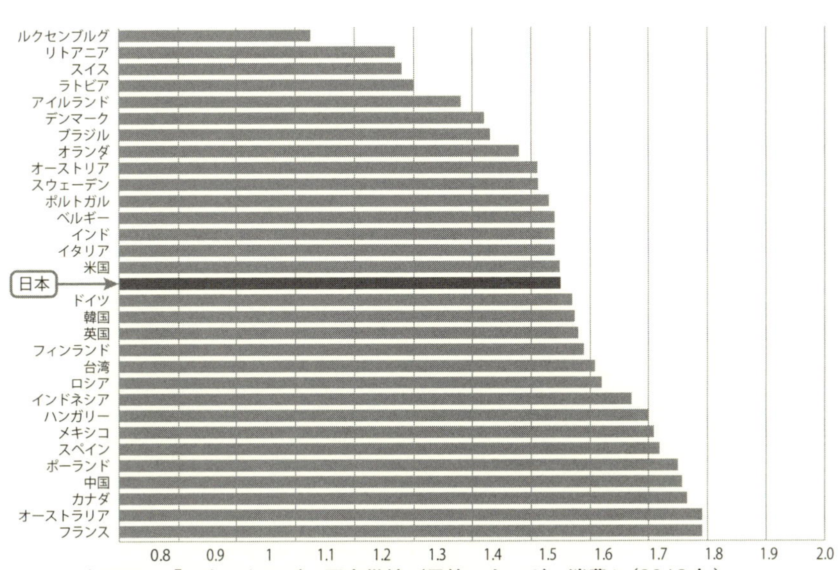

図9　主要国の「一次エネルギー国内供給／最終エネルギー消費」（2012年）
出典：IEA Energy Balance Flowから筆者作成

となる。家庭の電力消費が1.56倍になった要因は、家庭エネルギー消費量／人口が1.20倍になったことよりも、家庭電力消費量／家庭エネルギー消費量、すなわち、家庭における電力化率が1.26倍になったことのほうが大きい。家庭の電力化率は、1990年度には40.1%だったのが、2000年度には43.9%、そして2009年度には50.1%と半分を超し、2012年度には50.5%となったのである。特に、最近10年間の伸びが大きい。

② 脱「電気抵抗熱」――熱を電気でつくるからCO_2が増える――

次に、部門ごとの電力化率（電力消費量／全エネルギー消費量）の1955年から2010年までの5年ごとの推移を示す【図10】。家庭部門における電力化率の推移を見ると、1960年代前半、1970年代前半、1980年代後半、そして、2005年頃からの4つの時期における伸びが大きい。高度成長期の1960年代前半は「三種の神器（テレビ･冷蔵庫･洗濯機）」、1970年代前半は「3C（カラーテレビ、クーラー、

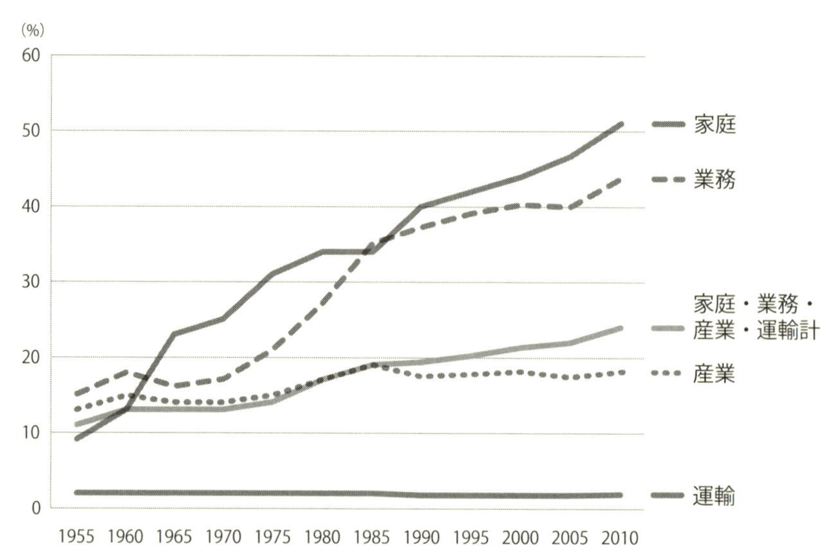

図10　部門ごとの電力化率（電力消費量／エネルギー消費量）の５年ごとの推移
出典：旧総合エネルギー需給バランス表および総合エネルギー統計から筆者作成

カー)」といった家電製品などの急速な普及の時期であり、この家電製品の量的拡大が電力化率を上げた。1980年代後半はバブル期であり、テレビ、冷蔵庫などの大型化があったことが電力化率を上げたと言える。

2005年以降には4回目の電力化率の伸びがある。2005年頃以降の伸びの原因は2つあると考えられる。

ひとつは、温水洗浄便座、食器洗い機などの「電気抵抗(ジュール熱)によって熱をつくる新たな機器」の普及が進んだためであり、もうひとつは、IHヒーター、エコキュート、あるいはオール電化住宅といった「都市ガス・プロパンガスなどに替わって電気抵抗(ジュール熱)によって熱をつくる機器」の普及のためであると考えられる。

内閣府の消費動向調査によると、石油ストーブは1970年代の終わりに世帯当たり1.7台程度にまで普及したのをピークにして、その後減少し、2000年頃には世帯当たり1台を切った。その代わりに、電気を使う温風ヒーター・ファンヒーター(2003年にそれぞれ同1.4台程度)、電気カーペット(同1台程度)の普及が進み、この水準が継続していると見られる(2003年以降統計がない)。エアコンは1980年代末に世帯当たり1台を超え、2000年頃から同2.5台を超え、以降、横ばい状態にある。一方、こうした暖房・冷房以外にも、電気抵抗(ジュール熱)によって熱をつくる新たな機器の普及が進んでいる。温水洗浄便座、衣類乾燥機、食器洗い機などである。2015年3月の消費動向調査によると、これらの世帯普及率は、温水洗浄便座が77.5%、衣類乾燥機が58.3%、食器洗い機が32.6%となっている。

都市ガス・プロパンガスなどに替わって電気抵抗(ジュール熱)によって熱をつくる機器であるIHクッキングヒーター、エコキュートあるいはオール電化住宅の普及は消費動向調査の対象になっていないが、IHクッキングヒーターの出荷台数は2013年度に77.6万台、2014年度出荷実績見込みが71.2万台、2015年度出荷見通しが72.3万台[23]、エコキュートの累積出荷台数は2011年9月に300万

[23] 日本電機工業会調べ。

台、2013年10月に400万台に達し[24]、オール電化住宅は2013年度に38.1万戸、累積で562.8万戸[25]であった。こうしたことから、家庭での電力化率は、既に2009年には50%を超えているのである。

一方、業務部門の電力化率は、石油危機後のエネルギー価格高騰期・安定成長期に伸び、バブル期から安定し、2005年以降に再び大きな伸びがある。2010年には43%に達している。この2005年以降の大きな伸びは、エアコンでの暖房、温水洗浄便座、レストランなどの厨房の電気フライヤーなどの普及によるものではないかと推測される。ここでも、電気抵抗（ジュール熱）で熱をつくる機器の普及が電力化率を伸ばしていると考えられる。

産業部門では10%台の半ばから後半に微増傾向、運輸部門では1～2%で横ばい傾向にある。

全部門合計の電力化率は、1955年に11%であったものが、1995年には20%に達し、2010年には24%にまで増加した。

このように、電気抵抗（ジュール熱）で熱をつくる新たな機器や、都市ガス・プロパンガスに代わって電気抵抗（ジュール熱）で熱をつくる機器の普及により、2005年頃から電力化率が高まっているのである。

ちなみに、家庭のエネルギー種別シェアをブロック別に1990年度・2012年度の比較をしてみると、電力化率はどのブロックでも上昇し、特に、寒冷地（北海道、東北、北陸）では上昇率が高い。これは、暖房にエアコンを使うことが多くなり、石油から電力にシフトしたからだと考えられる。また、西日本は電力化率が高い（四国〔64%〕、沖縄〔64%〕、九州〔60%〕、中国〔60%〕）。これらの地域では、1990年度、2012年度とも他地域よりプロパンガスのシェアが高いが、そのシェアは2012年度には1990年度より低くなっている。これらのプロパンガスのシェアの高かった地域では、住宅のリフォームや建て替えの際に、オール電化にして

[24] 電気事業連合会調べ。

[25] 富士経済調べ。

きているので、電力化率が高くなっていると考えられる。

ところで、発電の過程では大量の熱が発生する。発電所で投入された石炭・天然ガスのうち電力になるのは40%強だけで、60%弱は熱になる（転換損失）。さらに送電でも4%程度が失われる（送電ロス）ので、熱をつくる電気機器の効率が95%としても、全体のエネルギー効率は35%程度にしかならない。一方、例えば都市ガスで熱をつくる場合には、LNGから都市ガスへの転換損失や輸送ロスはほとんどなく、ガス機器の効率を80%としても、全体のエネルギー効率は80%程度である。

大量の「熱」を捨ててつくられた電気によって「熱」をつくるという、まことに奇妙な機器の普及が図られてきているのである。これが、この国のエネルギー需給の第2の「無駄な」構造的特徴である。

こうしたことから、2005年頃から「一次エネルギー国内供給量／最終エネルギー消費量」の値は急激に上昇しているのである。無駄な一次エネルギーの消費、

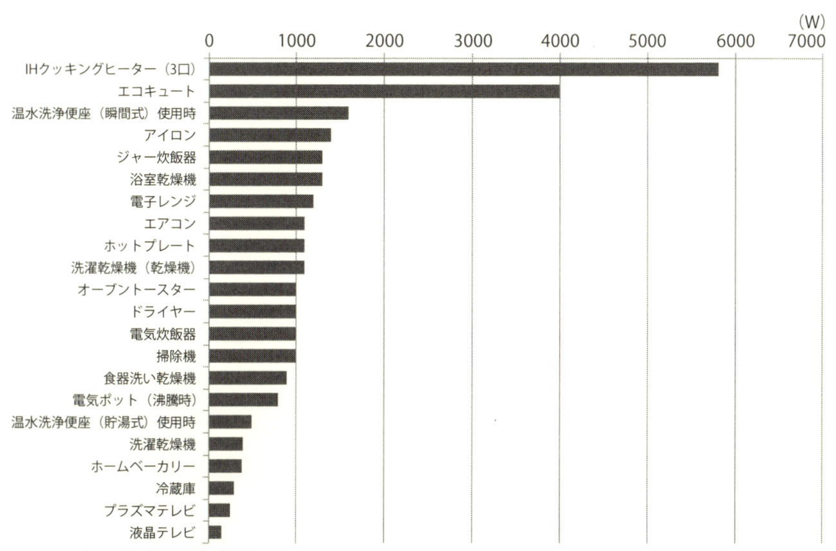

図11　主な家庭用電気製品のワット数
出典：資源エネルギー庁「家庭節電対策メニュー」（2011年5月）などから筆者作成

そして無駄なCO_2の排出を助長しているのである。さらに、こうしたことが電力消費のベースを底上げし、ピーク電力を高い値にしているのである。

主な家庭用電気製品のW（ワット）数を見る**【図11】**。掃除機とテレビ以外の電気製品は、すべて電気によって熱をつくる機器である。都市ガス・プロパンガスに代替するIHクッキングヒーター（3口）は6,000W近く、エコキュートは約4,000Wであり、新たな機器である温水洗浄便座瞬間式（使用時）は約1,500W、浴室乾燥機は約1,200Wなどである。ここにはないが、家庭用電気フライヤーは約1,000W、業務用は5,500Wを超す。これらのほか、電気で熱をつくる機器は、軒並み1,000W以上であることがわかる。これらが揃っているのがオール電化住宅である。これらの使用は、電力消費を底上げしており、夏、あるいは冬のピーク時間帯にこれらを使用すると、最大電力を押し上げてしまう。家庭におけるピーク時の対策は、エアコンだけではないのである。

電気で熱をつくる機器の普及が2005年頃から電力化率を高め、電力消費を底上げし、最大電力を押し上げ、一次エネルギーの無駄を助長していることがわかった。今、電気だけでなく、熱にも着目したエネルギー需給構造の改革を行っていかなくてはならない。

まず、需要側では、白熱電球をLED電球などに替えるように、元々ガスを使っていた厨房での煮炊きはIHクッキングヒーターからガスに戻し、電気のヒートポンプによる冷暖房はガスエンジン・ヒートポンプに替えることなどをするのである。あるいは、電気を使うとすれば、「無駄」の少ないコジェネで発電された電気や再エネ電力を使用するのである。

第2章

「充足」型社会システムづくり

第1章では、この国の半官製・商業主義の「エコ」、「参加・協働」路線、原子力に依存した温暖化対策、そして、「グリーン成長戦略」が、いずれも失敗した背景を見た。本章では、ゼロ成長、人口減少などが定着してきたこの国では、どのような戦略が必要なのか。「効率戦略」や「代替戦略」を超えた「充足戦略」を提案するとともに、「充足」型社会システムの事例を挙げてみる。

第１節　既存の先進工業国は「充足戦略」で定常経済にソフトランディング

1　脱「持続可能な開発」

ゼロ成長や人口減少が定着しているこの国において、「成長至上主義」、「市場信仰」、「トリクルダウン」路線の政策は、ますます「格差社会」を助長し、地方経済を疲弊させるだけである。

よく言われるように、「経済成長」は国民生活の量的向上という「目的」のための「手段」なのである。しかし、とうの昔に量的なレベルが達成されたこの国において、近年、「経済成長」が「目的」と化してきているのである。

これらは、1980年代後半から環境と開発をめぐるキーコンセプトとして登場し、深化してきている「持続可能な開発（Sustainable Development：SD）」と相容れない。

「持続可能な開発」のコンセプトには、基本的には、次の2つの側面を持つ。

第1に、将来世代との公平性（equity）である。すなわち、地球の上で人間が経済活動を営みながら生存していくために必要な環境・資源（水、森林、空気、土壌、動植物、食糧、エネルギー資源など）の「利用可能性」の世代間の公平性、また、これらの環境・資源の利用がもたらす「環境への影響」（人為的なCO_2の排出に伴う地球温暖化・気候変動による各種の影響など）の世代間の公平性である。

ドイツ・ザクセンの鉱山監督官フォン・カルロビッツは1713年に著した『経済的森林開発（Sylvicultura Oeconomica)』において「持続可能な林業とは、木の伐採の量は、植林し、それが成長する量を超えてはならないことである」とし、これが「持続性」（ドイツ語では「Nachhaltigkeit」）の萌芽であると言われる。なぜ、鉱山監督官が唱えたのか。こういうことだ。鉱物を採取するためには坑道を掘っていくが、坑道が崩れないようにするには木枠で支える。そのための木材が大量に必要になるというわけだ。また、20世紀初頭に登場した漁業生産を最大にするための「最大維持可能漁獲量（maximum sustainable yield）」の概念も持続性の系譜に位置付けられる。環境・資源の世代間の公平性という意味での持続性が確立されたのは、地球規模での環境と開発の相克が国際社会の課題となった1980年代後半である。化石燃料の消費に伴う地球温暖化問題から、身近な生物多様性の保全に至るまで、将来世代との公平性という意味での持続性は極めて危うい、持続的でない。環境・資源の利用可能性とその利用に伴う環境への影響との両面からみて、将来世代との公平性のためには、現在世代は、環境・資源の消費の「絶対量」を大幅に減らさなくてはならないのである。

持続性のもうひとつの側面は、「環境と経済と社会の統合」あるいは「環境保全と経済的・社会的公正の追求」である。これは、1990年代後半から醸成されてきた。現世代に適用されるが、将来世代にも共通する。

2000年に世界の有識者によって策定された「地球憲章」では、「持続可能な未来に向けた価値と原則」として、「生命・生態系への配慮」、「環境・資源の利用可能性の保全」とともに、「経済的公正」、「社会的公正」、さらに「民主主義」、「非暴力」、「平和」までも包含している。2009年3～4月にユネスコが開催した「持続可能な開発のための教育（Education for Sustainable Development：ESD）の10年」世界会議におけるボン宣言では、「ESDは、地球憲章に規定されているjustice、equity、tolerance、sufficiency、responsibilityの諸価値を基本とする」と謳っている。このうち、sufficiency（地球憲章日本語版では「足るを知る」）は、規範・倫理的意味を超え、のちに述べるように、それ自身が、環境・経済・社会の統合のための重要な戦略でもある。

ところで、環境・経済・社会の統合というと、しばしば、「これら3つの間のバランスをとることである」と解説されるが、これは持続性の意味するところではない。「ファクター4」、「地球環境政策」などで有名な名古屋大学客員教授でもある世界的な環境政策学者エルンスト・フォン・バイツゼッカー教授は、2009年に名古屋大学において、次のような講演を行っている。

一般的には環境・経済・社会はトライアングルとして捉えているが、これは間違いである。経済は社会のサブシステムであり、さらに、その社会も環境のサブシステムなのである。問題は、社会の中で経済がますます大きな位置を占めるようになり、また、経済に多くを占められるようになった社会が環境の中で大きくなってきていることである。

このように、社会は環境のサブシステム、経済は社会のサブシステムなので、3つのバランスをとること自身がありえないのである。環境は、社会、そして、その中の経済を支える基盤であるので、いかに社会が経済の論理に支配されないように、そして、いかに環境が社会（経済活動をはじめとした人間活動）から侵食されないようにするか。これが環境・経済・社会の統合の目的である。

国連では、1992年のリオデジャネイロでの地球サミットの際に、「環境と開発の統合」が「持続可能な開発」とされ、2002年のヨハネスブルグの地球サミットでは、「開発」が経済開発と社会開発に分かれて「環境と経済と社会の統合」へと進化し、ヨハネスブルグの地球サミットの後、持続可能な開発の4本目の柱として「文化」を加えるべきだとの議論があった。

ところが、2012年の「リオ＋20」では、「経済と社会と環境の統合」となった。環境・経済・社会の順番が替わり、環境が最後になった。

また、国連では2015年までの「ミレニアム開発目標（MDG）」の次に「持続可能な開発目標（SDG）」が決定されたが、17の目標は「持続的経済成長（sustainable growth）」、「貧困の解消」、「飢餓の終焉」といった経済開発やいくつかの社会開発の目標が中心であり、環境に関しては水と気候変動だけが目標になっているのである。

このように、国連レベルでは「持続可能な開発」は、21世紀になって次第に経済開発が優先され、環境がうしろに引くようになってきたのである。

一方、「持続可能な開発」に関する世の中の理解はというと、既に1990年代から、これは「持続的経済成長」であると意図的に曲解する向きが多い。

国連の「ESD（持続可能な開発のための教育）の10年」（2005～2014年）があっても、何が「持続可能な開発」なのか、何がESDなのかは、個々人の思い込みはあるかもしれないが、地域社会で、この国で、あるいは世界でまったく共有されていない。筆者の大学にも、「持続可能な開発」やESDを理解しないどころか、「聞いたこともない」という教職員たちが少なからずいるのである。

このように、「持続可能な開発」は四半世紀も前に登場し、深化してきているにもかかわらず、いまだに理解が進まず、曲解も多い。

もはや、これは環境のための政策コンセプトというには余りにも広範かつ曖昧になりすぎたのではないか。特に、国連レベルでは、「持続可能な開発」は途上国の経済開発の意味合いが大きい。

そこで、ゼロ成長や人口減少が定着しているこの国をはじめ欧州、北米などの既存の先進工業国では、「経済開発」はもはや目標ではないのであり、また、「持続可能な開発」が「持続可能な経済成長」と意図的に曲解されることも多いこともあり、「持続可能な開発」を環境のための政策コンセプトとするのはやめようではないか。ふさわしい政策コンセプト、戦略を持とうではないか。

既存の先進工業国においては、脱「持続可能な開発」なのではないか。

2 「グリーン成長」戦略だけが環境戦略ではない

第1章では、「グリーン成長」戦略を「是」としてきたが、環境の戦略は「グリーン成長戦略」だけではない。

もう長い間、「これまでのような経済成長パラダイムはつづけるべきではない」という議論が何度も繰り返しなされてきた。経済成長への批判は、主に環境・資源の危機を背景にしてきた。「定常経済（steady-state economy）」、「持続可能な脱成長（sustainable de-growth）」の考え方を含め、議論としては成長への批判はあるが、現実の政治では「経済成長」はますます唯一無二の目標になってきている。先進国だけでなく、新興国においても、環境産業・環境対策が経済成長の重要なエンジンだとする「グリーン成長」が新しい経済成長パラダイムとして台頭し、「グリーン成長」によって環境と成長の間の矛盾は止揚されるという考え方が支配的になってきたからであろう。こうした意味での「グリーン成長」の元々の火付け役は、石油危機後の大量失業と酸性雨などの環境危機を同時に克服しようとした1980年代の西ドイツである。その後、オバマ米大統領らの「グリーン・ニューディール」を経て、国連環境計画（UNEP）やOECDからレポートが出されるようになった。

「グリーン成長」に関して、「環境対策は経済成長の手段となったのか」といった違和感を覚える向きもあれば、「環境が社会や経済を変えるのだ」と積極的に捉える向きもあるだろう。「グリーン成長なんて自己矛盾、幻想だ」というのが大方の見解かもしれない。

火付け役だったドイツでは、今、その「成長」をめぐる議論で少なからず盛り上がっている。まず、ドイツ連邦議会（国会）では「成長、福祉、生活の質」をテーマにした調査委員会が設置され、国会議員、専門家がそれぞれ10数人ずつ参加して、月1回のペースで議論が進められている。連邦議会の調査委員会は、これまで、ドイツのCO_2削減目標（2005年に1987年比マイナス30%）を含む温暖化対策の方向付けをした報告書など政府の政策展開にとってのバイブルとなる報告書をいくつか出してきている。

この連邦議会の調査委員会の委員の一部も執筆陣に加わって『持続経済年鑑』（2011年12月）が刊行された。「成長」をめぐる議論を特集している。その中で、スイスのザンクト・ガレン大学の経済学者のビンスバンガー教授は、これまでの経済成長パラダイムに替えて、以下の4種類のコンセプトがあるとしている。ビンスバンガーは、あとで詳述するが、早くも1983年に「エコロジー税制改革」（エネルギー税を引き上げ、同時に事業主・被保険者の年金保険料を引き下げることによって、エネルギー消費量（大気汚染物質排出量）を減らし、同時に、事業主にとって新規雇用をしやすくする税制改革で、1999年にドイツで初めて実際に導入された）を提唱した根っからの政策志向の経済学者である。

4種類のコンセプトは以下のとおり。

①「技術」コンセプト：効率技術によって地球規模の問題を解決する。環境負荷と経済成長の対立は「グリーン成長」、特に、高い成長率のグリーン成長によって解決できるとする。

②「定常経済」コンセプト：ゼロ成長、あるいはマイナス成長でグローバルな持続可能な開発を実現する。少なくとも豊かな先進工業国では、より多くの消費を止め、新しいシンプルなライフスタイルが必要だとする。

③「選択成長」コンセプト：GDPの大きさが目的ではなく、自然の生産力を損なわない資源の利用に着目した成長であり、こうした資源の利用によって環境負荷を急激に減らすことができる。

④「成長抑制」コンセプト：環境負荷・資源消費低減のため成長率の抑制にプライオリティを置く。最低限の成長率を下回らないようにするので、環境負荷・資源消費低減のためには、追加的な方策が必要。

このように、「グリーン成長」がすべてではないのである。ビンスバンガーは、これらのうち、特に④（ビンスバンガー自身は、これを主張）と③を、以下の3つの「持

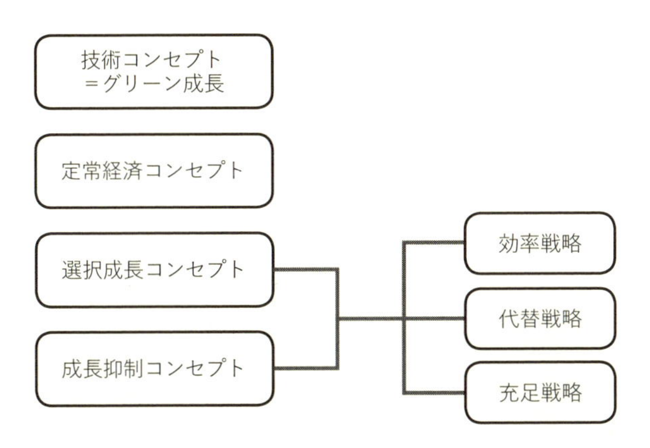

図12　ビンスバンガーの4つのコンセプトと3つの戦略
出典：Hans Christoph Binswanger, Jahrbuch Nachhaltige Oekonomie 2011/2012 in Brennpunkt "Wachstum" **から作成**

続性戦略」を活用して実現していくことだとしている【図12】。

(1) 効率戦略：効率戦略は、資源消費を減らし、資源消費に起因する生産量当たりの環境負荷を減らし、あるいは、資源投入量当たりの生産性を上げる。その際、既にある技術を適用し、あるいは、新しい技術の導入をサポートする。許可や禁止、また、経済的インセンティブを用いる。

(2) 代替戦略：持続性のルールの中で、新たな「未来に適した製品」を開発する。また、持続可能な利用という条件の下で、電力、熱、燃料の分野で再エネに代替していく。そして、二次原料はできる限り閉鎖系で利用する（特に金属については閉じた物質循環を構築）。

(3) 充足戦略：この戦略はさまざまな要素から成る。(a) 自制：みずからの生活を次第に倫理的に責任のあるものへとつくり変えていく人間の自由意思に基づく決定のことを言う。これは、世代内、世代間の公平性の原則に基づく。(b) ライフスタイルの変更：例えば、製品の共同利用、経済の「脱物質化」といった新しい価値に応じたライフスタイルの構造的変更を言う。

ところで、日本を先頭にして、既存の先進諸国では「ゼロ金利・ゼロインフレ・ゼロ成長」が定着してきている。また、日本では、人口減少もはじまっている。国内における財の需要は買替需要くらいしかなく、世界の市場も、そのフロンティアはアフリカの一部を残すのみとなっている。こういったことから、いかに「定常経済」に「ソフト・ランディング」するか、また、「定常状態」を維持するかが、フロントランナーの日本に問われているとするエコノミスト（水野和夫「資本主義の終焉と歴史の危機」）もいる。その前提として、国内的には所得格差も是正を図りつつ膨大な財政赤字を解消し、また、国際的にはさらに膨大な投機マネーを退治しておかなくてはならないだろう。このためには、国際的な資本取引に課税するトービン税も本格的に必要となってこよう。

「定常経済」に「ソフトランディング」という観点からは、日本、EU諸国などは、上記(3)の「充足戦略」を中心に置くべきではないか。その際、後に述べるように、「自制」、「ライフスタイルの変更」といった自主的な我慢、禁欲などを強いて「活動量」を抑える戦略というより、食糧・エネルギーなどの地産地消、コンパクト・シティ、カーシェアリング、コミュニティサイクルシステム、リユース、コジェネによる地域熱供給などといった地域に根差した「結果として活動量が減少する社会システムの構築」を「充足戦略」の中核に据えるべきであろう。

3 「効率戦略」・「代替戦略」を超えて

米国では1970年代初めから、日本や欧州では1980年代初めから問題認識されるようになった地球環境問題は、1980年代末の東西冷戦の終焉を契機に、国際社会における最重要課題のひとつとなった。多くの地球環境問題は資源やエネルギーの大量消費に起因する。

省資源・省エネルギーは、1973年の第一次石油危機以降、石油の大消費国では程度の差はあれ、高騰した石油価格に伴う企業などのエネルギーコストの負担を下げるため、あるいは、国民運動として取り組まれてきた。地球環境問題への対応の戦略として、まず登場したのが、「効率戦略」である。1990年代初めに、「持続可能な開発に関するビジネスカウンシル」(BCSD[1])は、スイスの実業家であるシュテファン・シュミットハイニーが中心になって著した『チェンジング・コース——持続可能な開発への挑戦——』(1991年)の中で、「環境効率」を打ち出し、また、フリードリッヒ・シュミットブレーク[2]は『ファクター10』を提唱した。

---

[1] Business Council for Sustainable Development、現在はWBCSD(World Business Council for Sustainable Development)

[2] ドイツの環境政策学者。ドイツ連邦環境庁、OECD環境局、ブッパータール気候環境エネルギー研究所副所長などを務めた。

1990年代半ば、エルンスト・フォン・バイツゼッカー[3]、ハンター／エイモリー・ロビンズ夫妻[4]は『ファクター4』（1995年）を提唱した。リオデジャネイロの地球サミット（1992年）から、「環境効率革命」の時代に入ったとも言われている。自動車の燃費をはじめ、さまざまな機器のエネルギー・資源効率は格段に向上した。

しかし、個々の機器の効率が向上しても、時間の経過とともに機器の台数が増えれば、エネルギーなどの消費量は増える。これは、「N字カーブのジレンマ」と言われる。

また、効率の高い機器を導入すると、エネルギーコストが浮くので、つい機器の使用時間などを増やしてしまい、効率向上の効果はある程度減殺される。これは「リバウンド効果」と言われる。UKエナジー・リサーチ・センター（UK Energy Research Centre）によると、OECD諸国では、効率的な冷暖房によって30%以上のリバウンド効果があり、燃費のいい自動車によって10%近くのリバウンド効果があるとしている。日本での自動車燃費の改善に伴うリバウンド効果は18%であるという研究もある。これらは「直接的リバウンド効果」である。一方、マクロ経済のレベルではより効率的な（すなわちより安価な）エネルギーの利用によって経済成長が速まり、結果として経済全体としてのエネルギー使用量は増えることにもつながる。これは「間接的リバウンド効果」と言われる。

19世紀後半のイギリスの経済学者ジェボンズは『石炭問題』（1865年）を著し、石炭を燃料とする蒸気機関は1台ごとの石炭消費効率は格段に向上したが、全体の石炭消費量は増加する一方であるとした。これは、のちに「ジェボンズ・パラドックス」と言われ、「間接的リバウンド効果」のことを示している。また、リバウンド効果が100%を超えると「バックファイアー効果」と言われる。

---

[3] ドイツの環境政策学者。ブッパータール気候環境エネルギー研究所の創設所長、ドイツ連邦議会議員などを務め、現在ローマクラブ共同議長である。

[4] アメリカのエネルギー学者。

「効率戦略」には、こうした落とし穴がある。なお、リバウンド効果が起きないようにするには、効率改善に応じて課税などによってエネルギー価格を引き上げればよいという考え方もある。前述の『ファクター4』を著したエルンスト・フォン・バイツゼッカーは、『ファクター5』(2009年)の中で、これを指摘している。

さて、ドイツの政治学者、ヨーゼフ・フーバーは、1995年に、初めて環境戦略論に、「整合性(Consistency)」のコンセプトを持ち込んだ。前述のビンスバンガー(スイスの経済学者)らは「代替戦略(Alternative)」とも言うとしている。代替のほうがわかりやすい。

「整合戦略」は、製造プロセスや製品と環境との間の整合性の追求であり、産業と自然との間の互換性を高め、産業メタボリズムの質を変えるための新しい技術・製品・物質フローのイノベーションを示すものである。したがって、産業的な物質代謝プロセスは自然界の物質代謝を阻害してはならないという原則にかなうというわけだ。そして、これらの統合システムは、生産物だけで、廃棄物は生まれない。水素技術によって、長期的には大気汚染物質やCO_2を出さないようにすることが可能であるとして、燃料電池自動車が整合戦略の代表選手として扱われた。整合性は、効率性と異なり、「どのくらい?」を問うのではなく、モノの質を問うものであり、そのモノの自然との適合性を問うものである。政府は、エネルギー効率、資源効率を向上させ、資源消費を減らし、それによって、CO_2排出量の削減を図っている。そして、その次に、整合戦略として、再エネの拡充である。しかし、バイオ燃料の生産ために、生態系を破壊してしまう場合もある。風力発電機によるバードストライク、騒音、あるいは景観破壊も指摘される。また、近くブレイクしそうな電気自動車も、単体で見ればガソリン車などより効率は良く、走っているときにはCO_2排出はないが、社会全体が電気自動車にシフトしていったら、たくさんの発電所が必要になる。

「整合戦略」や「代替戦略」も、本質的な解決策にならない。

4　本当の「充足戦略」とは何か

3つ目の戦略は、「充足戦略」（Sufficiency）である。初めてSufficiencyに言及したのは「持続性の3原則」（①再生可能な資源はその再生の速度以内で利用。②再生不可能な資源は再生可能な資源が代替する速度以内で利用。③汚染物質は自然の浄化速度以内で利用）を提唱した米国のエコロジー経済学者のハーマン・デイリーである。

ハーマン・デイリーは、『Steady-State Economics』（1991年）において、次のように指摘した。

> 成長するということは、成熟にまで発展するということであり、したがって、成長には、「成熟」（maturity）、「充足」（sufficiency）が含まれる。……それは、モノの蓄積を超えて、モノの維持への道であり、成長は「定常状態」（steady-state）へと導く。……成長は、『改善』（betterment）を意味しない。

このデイリーの「充足」を受けて、ドイツの環境政策学者であるヴォルフガング・ザックスは、

> Eco-Sufficiencyは簡単に言うと、「どれくらいが十分であるかを知ること」である。Eco-Sufficiencyは、「生活の質」はより多く消費することによって高まるという誤謬を拒否することであり、資源消費を減らして「生活の質」を高める道を探すことを意味する。食料の消費・摂取は、自分の健康を脅かさないレベルに制限するのと同じように、われわれは、「生活の質」を脅かさないレベルに資源消費を制限することによってEco-Sufficiencyは達成される。

などとし、①社会的・経済的な「速度」、②「脱商業化」、③シンプル製品・シ

ンプルライフなどの視点からのアプローチを提起した。

しかし、デイリーが「充足性を定義し、また、経済学の理論や実践にそのコンセプトを入れ込むことはたいへん難しい」と言い、ザックス自身も「何をもって充足性と定義するかは、おそらく、その戦略の実施方法を明らかにするより難しい」と指摘しているように、Sufficiencyは、その意味するところを何となく理解することはできるが、それを具体的に定義することは難しい。

ところで、「ファクター10」、「ファクター4」などで環境効率の理論的・実践的先鞭をつけたブッパータール気候環境エネルギー研究所は、1990年代末から「新しい繁栄（しあわせ）モデル（Neuen Wohlstandsmodelle）」の研究プロジェクトを始めた。

その中で、「充足性」について、同研究所の研究者は、さまざまな定義をしている。すなわち、マンフレート・リンツは、「充足性」は、「あきらめ（Verzicht）」でなく、「謙虚（Bescheidenheit）」であり、また、「禁欲（Askese）」でなく、「自発的貧困（freibillige Armut）」である。したがって、これは今日的サブカルチャーの生き方でもあるとしている。

ゲアハルト・シェアホルンは、「充足性」は、「多すぎることを回避すること」であり、多すぎることは、他の重要な需要や目標に影響を与えるので有害であるとしている。

ペーター・バルテルムスは、「充足性」は、生産・消費の「自発的なあきらめ（freibillige Verzicht）」であるとして、持続可能な経済の操作可能概念として定義付けられるとしている。

一方、前述のヨーゼフ・フーバーによれば、「充足性」のコンセプトは、1970年代の初めに2人のスウェーデンの未来学者が「どれだけあれば十分か？」としたところから始まる。「当時は、Sufficiencyではなく『自己抑制（Self-Limitation)』であり、『自発的簡素化（Voluntary Simplicity)』であった」としている。

また、前述のようにビンスバンガーは「充足戦略」は「自制」と「ライフスタイルの変更」の2つからなるとしている。

いずれにしても、このような「充足性」は、先に見た「地球憲章」のⅡ7f「限りある地球上で、質の高い生活と物質的に『足るを知る』ライフスタイルを採ろう（Adopt lifestyles that emphasize the quality of life and material sufficiency in a finite world)」にある「sufficiency（足るを知る、知足)」と同義であろう。

「充足＝知足」であるとすると、「充足」は老子、釈迦、古代ギリシャ哲学などにまで遡ることができ、古代からの共通の倫理であった。

まず、老子第33章には「自勝者強、知足者富（みずからに勝つものは強し、足るを知るものは富めり)」とある。同じく第44章には「知足不辱（足るを知らば、恥ずかしからずや)、知止不殆（止まるを知らば、危うからずや)、可以長久（もって長久なるべし)」とある。

「知足」は、釈尊が臨終に説き遺された『遺教経』の仏道修行者が守るべき8つの徳目である「八大人覚」(少欲・知足・寂静・精進・守正念・修禅定・修智慧・不戯論）にもある。

その『遺教経』には、「足るを知る者は、貧困なるも心が広くて安らかであるが、足るを知らない者は、富んでいても心が貧欲で常に不安である。実に知足の者は富楽安穏である」とある。

また、南伝仏教のパーリ語経典である『スッタニパータ』143-144には「究極の理想に通じた人が、この平安の境地に達してなすべきことは、次のとおりであるとしている。

> 能力あり、直く、正しく、ことばやさしく、柔和で、思い上がることのない者であらねばならぬ。足ることを知り、わずかの食物で暮らし、雑務少なく、生活もまた簡素であり、諸々の感官が静まり、聡明で高ぶることなく、諸々の（ひとの）家で貪ることがない。

西洋では、ことにストアの哲人が人生の理想として「足るを知る」、「満足せよ」ということを説いている。キケロの「ストア派のパラドックス」には、次のような言葉がある。

> 財産の多寡を決めるものは、世間で行われている資産評価なのではありませぬ。それは、何としても、衣食に関する磨かれた心掛けであるのです。欲張らぬことが、金なのです。買いたがらぬことが、収入なのです。わけても、自分の持ち物だけで満足していることが、なによりも大きな、なによりも安定した富なのです。

これらの「知足」は、「修行者の徳目」、「究極の理想」に通じた人が、この平安の境地に達してなすべき「人生の理想」のひとつである。

ここまでの「充足性」は、「謙虚」、「自発的貧困」、「自発的な簡素化」などといった人々の倫理、徳目、ライフスタイルのあり方などを説く概念であって、持続可能な社会のための「戦略」とは言えないのではないだろうか。

余談だが、稀に見る猛暑であったある年の夏、小学生の親子を対象とした地球温暖化・CO_2排出削減の講演会があった。「たいへん暑いが、エアコンを使ってもいいのか、我慢したほうがいいのか」との質問に対し筆者は「暑さに合った過ごし方をしたらどうか」として、「朝は早く起き、夏休みの宿題は涼しい午前中にやってしまい、昼過ぎの時間は風通しのいいところで昼寝し、夕方は屋外で遊んだ後に入浴し、夕食後は家の外で涼み、夜は早く寝る」という提案をした。反応はイマイチであったが、実は、筆者の小中学校時代の夏休みの過ごし方が、これであった。筆者の家は海辺なので、クラスメートと宿題を済ませた後は、一緒に海水浴し、その後、いちばん暑い頃に昼寝した。あの頃は、毎日といっていいほど、夕立があり、雷も鳴った。どこかに雷が落ちると必ず停電になった。夕立が終わると涼しくなったのである。

この「暑さに合った過ごし方」も「戦略」とは言えないか。

なお、筆者は、前出の『老子』第44章の「知足不辱」(足るを知らば、恥ずかしからずや)、「知止不殆」(止まるを知らば、危うからずや)、「可以長久」(もって長久なるべし）は、「足るを知り、止まるを知れば、持続可能だ」と言っているように思えてならない。これこそが、「持続可能な開発に関する教育（ESD）」の神髄だと考えるのである。このことは後述する。

次に、経済活動・企業活動における「充足性」の議論を見る。

まず、前出のブッパータール気候・環境・エネルギー研究所のペーター・バルテルムスは、経済活動・企業活動における非持続性とは、限界を超える資源の消費であると定義でき、これを克服するには、3つの可能性があるとしている。3つとは、①「限界を無視する：市場が解決する」、②「環境効率を追求する：技術が解決する」、③「環境充足を追求する：みずから限界を設定する」である。

このうち、①の可能性を見ると、環境グズネッツ曲線が示すように、1人当たりの収入で表す「しあわせ·繁栄（Wohlstand）」が高まると、脱物質的であるサービス化、情報社会を通じた産業化の解決方法によって、自動的に環境の質を高める。しかし、環境クズネッツ曲線の効果は、特定の環境項目にしかあてはまらず、あらゆる地域、世代にあてはまるものではない。将来世代が、資源利用の限界に接したとき、環境難民、資源争奪のための軍事的侵略もありうる。したがって、市場では非持続性を克服できない。

次に、②であるが、環境コストの内部化という市場的手法は、環境負荷の大きな製品に生産や消費に対する圧力となり、反対に、環境に適した技術革新を勇気づける。しかし、この方法は、国の介入や国の税・財政措置を通じたものであり、自主的な生産のあきらめを通じたものではないので、まだ、「充足性」にはなっていない。「充足性」の一次的なトリガーは、技術的な解決の追究ではなく、行動の限界の目標の設定である。

そこで、③の「環境充足を追求する：みずから限界を設定する」であるが、次のような観点からみずから目標を設定することによって「充足性」が実現される。すなわち、従業員・顧客からの信頼、将来の環境政策（規制、市場への介入）の先取り、環境リスクの低減、将来的な環境負荷の回避、十分性・時間獲得・良い環境を通じた高い生活の質の達成、開発途上国・将来世代・危機に瀕した種との連帯などであるとしている。

この③で示された観点は、昨今のCSR（企業の社会的責務）として要請されているものであり、さらに言うと、前述の「地球憲章」に盛り込まれた価値と原則とも共通する。バルテルムスは、これらを企業経営の目標としていくと、「自発的なあきらめ」としての「充足性」が追求されるというのである。

一方、米国の経済学者のトマス・プリンセンは、『The Logic of Sufficiency』（2005年）において、次のように述べている。

> 今日のエコロジー優先の世界においては、これまでの社会の原則である「効率（Efficiency）」、「協力（Cooperation）」、「主権（Sovereignty）」、「公正（Fairness）」だけでは不十分であり、「充足性（Sufficiency）」の原則を加える必要がある。この「充足性」は、「十分性（Enoughness）」であり、持続性のための原則、倫理である。

その上で、生産者・企業が「充足性」の観点から、生産量や生産能力の拡大をしていない例を紹介している。米国の林業企業と漁業企業の例であり、いずれも、自然資源の持続可能な利用のため、生産の制限や生産の中断をしているというものである。

ところで、ボルフガング・ザックスらブッパータール気候環境エネルギー研究所の研究者たちは『Fair Future-Ein Report des Wuppertal Instituts-Begrenzte Ressourcen und Globale Gerechtigkeit(――限界のある資源とグローバルな公正――)』(2006年）において、「効率」、「代替」、「充足」の3つの戦略について、次のようにまとめている。

> 「効率戦略」は、持続性への道の初期段階の可能性としては大きなものがあった。しかし、製品の増加、エネルギー利用の増加に伴い、すぐに限界を超えてしまう。

「代替戦略」は、自然と技術の一致であり、産業的な物質代謝プロセスは自然界の物質代謝を阻害してはならないという原則にかなう。自然と技術の双方は、補完しあい、また、強化しあう。これらの統合システムは、生産物だけで、廃棄物は生まれない。発電所は電気だけでなく、地域への熱供給もできる。リサイクルで再び原材料になる。水素は、長期的には大気汚染物質やCO_2を出さないようにすることが可能。バイオ技術も同様。しかし、代替戦略も万能ではない。燃料電池自動車は、大気汚染物質を出さないが、土地、インフラを使い、利用可能な原材料を制約する。ITも、以前は、交通、旅行、業務交通、紙使用などを減らすと言われていたが、逆になっている。したがって、代替戦略も持続性のほんの一部を可能にするものでしかない。

「充足戦略」は、過多、過剰を犠牲にするのではなく、個人の、そして、みんなのしあわせ・繁栄になる程度に能力を使うことである。効率は「ものごとを正しく行う」ことであり、充足は「正しいことを行う」ことである。例えば、「冬にイチゴを食べる」、「日中も夜中もお湯が出る」。これらは、快適さは小さく、高コストである。したがって、正しいことではない。エコ農業によって、化学物質や石油の使用が少ない資源効率の高い農業を持続す

表3　3つの戦略の筆者流の整理

	効率戦略	代替戦略	充足戦略
前提となる経済・社会	拡大・成長する経済・社会	拡大・成長する経済・社会	定常・安定に向かう経済・社会
戦略の目的・方法	機器などの効率向上を図ることによる環境負荷低減	再エネなどに代替することによる環境負荷低減	結果として活動量を減らす社会システムに転換することによる環境負荷低減
戦略が対象とする空間	全国・地球規模	全国・地球規模	地域
例1 移動	燃費のいいガソリン自動車	燃料電気自動車	コンパクト・シティ
例2 資源循環	リサイクル	生分解性プラスチック	リユース、レンタル、リペア
例3 エネルギー	高効率火力発電	メガソーラー、風力発電	再エネ・コジェネによる電力・熱の地産地消

ることができ、そこから旬な食材が提供される。部屋の暖房は、まず断熱化、そして満足な結果が得られるような通気や温度設定をする。

また、効率性は「少ない資源で一定のサービスを得ること」、充足性は「少ないサービスで一定のしあわせ・効用を得ること」ということもできる。

効率戦略、代替戦略、充足戦略を「持続可能な交通」で表してみると、①効率戦略：持続可能な交通システムへの道は、まず、高い効率性を追求する。②代替戦略：より汚染が少なく、自然にもいい交通手段に置き換える。③充足戦略：交通を回避する（例：「職住近接」、「地産地消」といった移動する距離を短くする仕組み、「カーシェアリング」「コンパクト・シティ」といった移動する手段を共有する仕組みなど）、ということになる。

「充足戦略」も、ここまでくると「戦略」らしくなってきた。

ここで、筆者なりに、「効率戦略」、「代替戦略」、「充足戦略」の3つを整理し、比較してみる**【表3】**。

まず、前提となる経済・社会は、「効率戦略」および「代替戦略」は「拡大・成長する経済・社会」であり、「充足戦略」は「定常・安定に向かう経済・社会」である。

戦略の目的・方法は、「効率戦略」は「機器などの効率向上を図ることによる環境負荷低減」であり、「代替戦略」は「再エネなどに代替することによる環境負荷低減」であり、「充足戦略」は「結果として活動量を減らす社会システムに転換することによる環境負荷低減」である。

戦略が対象とする空間は、「効率戦略」および「代替戦略」は「全国・地球規模」であり、「充足戦略」は「地域」である。

それぞれの戦略の例は、**表3**のとおりである。「充足戦略」については、のちに10の事例を示す。

「充足戦略」をこのように捉え、ゼロ成長や人口減少が定着しているこの国をはじめ欧州、北米などの既存の先進工業国では、「持続可能な開発」（＝「持続可能な経済成長」）を脱し、「持続可能な社会」や「持続可能な未来」に向け、「充足戦略」によって「定常経済」にソフトランディングしようではないか。

第２節　「充足」型社会システムづくりのための人材育成

1　ESD＝「知足、知止、長久」

「充足戦略」づくりには、そのための人材を育成していく必要がある。

前述のように、筆者は、知足＝充足の系譜をたどる過程で、老子の「知足、知止、長久」から、「足るを知り、止まるを知る」社会は「持続可能な社会」であり、足るを「知る」こと、止まるを「知る」ことが、ESD（持続可能な開発のための教育）の神髄であると確信した。

国連「ESDの10年」は、2002年のヨハネスブルグでの地球サミットにおいて小泉総理（当時）が提唱し、同年の国連総会で決議され、2005年から2014年まで実施された。「ESDの10年」の最終年会合（ESDユネスコ世界会議）は2014年11月に愛知・名古屋で開催された。愛知・名古屋にとっては、2005年の「愛・地球博」（愛知万博）、2010年の生物多様性条約第10回締約国会議（COP10）に次ぐ国際環境イベントのホストであった。

「持続可能な開発」（SD）は、いまや、環境・資源にとどまらず、経済的公正、社会的公正、さらには民主主義、非暴力などをも包含した概念となっている。2000年に世界の有識者によって発表された「地球憲章」では、「持続可能な未来のための価値と原則」として、公正、寛容、責任、充足などを基本にした50以上の価値・原則が盛り込まれている。ここでも「充足」が重要な価値のひとつとなっているのである。

ESDは、こうしたSDのための「教育」であるが、「教育」とは人材育成、ひとづくりである。したがって、ESDとは「持続可能な未来のための人材育成」なのである。どういう人材か。

まず、ものごとをSD、すなわち、環境・社会的公正・経済的公正の観点から「評価」し、「ちょっと待てよ」と立ち止まって「判断」する能力を持つ人材を育成することである。

「足るを知る者は恥ずかしからずや、止まるを知る者は危うからずや、もって長久なるべし」。これである。

例えば、原発というものに関して、環境リスク、経済的損失、社会的対立などの観点から「評価」し、立ち止まって「判断」することができる人材である。

ドイツの例ではあるが、シュレーダー首相（当時）が2000年に原発を持つ電力会社の社長たちと朝までかけて脱原発の調整・合意を行った後の記者会見で「これで、ドイツにおいて30年間続いた『社会的対立』が解消する」と述べた。原子力については、環境リスクやコストだけでなく、社会的公正からの「評価」があり、特に、「社会的対立」を解消するためには、すべての原発を「止める」しかないと「判断」したのである。

そして、一旦は脱原発の時期を平均12年延長することを決めたメルケル首相が東京電力福島第一原発事故直後に脱原発（の時期）を諮ったのは「倫理委員会」であった。倫理委員会は「核エネルギーを環境的・経済的・社会的に適したリスクの少ない技術によって代替していく必要がある」とし、2022年までに原発を「止める」ことは可能と「判断」し、まず、2000年に設定した廃炉期限が到来した7基と技術的に問題のある1基を廃止したのである。

環境教育、自然教育などは、とかく「ごみの分別」、「省エネ」、「いきものを守る」などの大切さを理解させ、これらに取り組む「ひとづくり」が目的となっている感がある。こうした教育は、第1章で述べたように、「参加・協働」の美名の下に、行政が環境の取り組みを市民などに「丸投げ」するための手段であるといってよい。

そんな「（行政の手足となる）ひとづくり」ではなく、ものごとをSDから主体的な「判断」ができる「ひとづくり」が、ESDの第一の役目であろう。

さて、およそ教育には、フォーマル教育、インフォーマル教育、ノンフォーマル教育の3種類がある。ESDにもあてはまる。これまでのESDは、インフォーマル教育、ノンフォーマル教育に重点が置かれ、ワークショップ、ワールドカフェなどの方法によって、NGO、企業、市民の環境を中心にした取り組みへのモティベーションを高め、あるいは、環境をきっかけにしたコミュニティづくりなどを目指してきた。それはそれでたいへん重要なことであるが、これらに参加するのは、そのほとんどが、お決まりの高齢者である。

若い人々は、フォーマル教育、つまり、学校教育の対象である。文部科学省は、初等中等教育におけるESDの取り組みのメルクマールは、県内、市内における「ユネスコスクール」に認定された学校の数であるとしている。初等中等教育においても、まずは、ものごとをSDから主体的な「判断」ができる「ひとづくり」、判断力の涵養であろう。

そして、フォーマル教育のうちの高等教育、すなわち大学におけるESDは、SDからの判断力だけでなく、「持続可能な未来」のための「充足戦略」をつくり上げていく企画・立案力、また、調整力のある人材の育成である。

このためには、持続可能な未来のための価値や原則の体系的な理解・修得とともに、持続可能な未来のための問題設定、アジェンダセッティング、企画・立案、合意形成、意思決定から実施、評価に至る一連のプロセスを社会の中で実証することによって、その能力を涵養するのである。

2　大学院におけるESDプログラム
――「充足」型社会システムづくりのための人材育成――

そうした判断力と企画・調整能力を身につけた者は、持続可能な未来のための「充足戦略」をつくり、実施する自治体や国の政治家・行政マン、国際公務員、起業家、コンサルタントなどとして活躍してもらう。大学・大学院におけるESDは、こうした「持続可能な未来のためのポリシーメーカー」を育成することであろう。

名古屋大学の大学院の5つの研究科（環境学、国際開発、生命農学、工学、経済学）

は、2013年4月から「名古屋大学5研究科連携ESDプログラム」を開始した。

21世紀におけるサイエンス、ポリシー、ビジネスなどのグローバルリーダーには、持続可能な地球社会をつくり出す能力が備わっていることが不可欠である。例えば、既述のように、国連は、2015年までの「ミレニアム開発目標（MDG）」の次に「持続開発目標（SDG）」を決定し、今後これを推進することとしており、また、国際科学会議（ICSU）は、持続可能な地球社会のためのサイエンスを目指す「Future Earth」プログラムを始めている。いずれも、その推進に当たっては、SDのための高度な人材の育成が大前提になる。

こうした能力を具備するためには、まず、「21世紀におけるリベラルアーツ（教養）」として、持続可能な未来のための正義、公平性、寛容、充足性、責任などの価値、そして、持続可能な生活、民主主義、環境保全、自然資源保護・持続可能な利用、持続可能な生産・消費、公正で平和な社会などの原則や、水、エネルギー、気候変動、災害リスク、生物多様性、食糧危機、健康リスク、社会的脆弱性・不安定性、あるいは環境、経済、社会、文化の多様性の相互依存といった知識を共有することが必要である。その上で、持続可能な未来のための問題解決を見つけ出す手腕、特に、新しいアイデアや技術の中だけでなく、地域文化の中に埋め込まれた実践と知識を描き出す手腕、そして、創造的・批判的・ロングターム思考で不確実性への対処と複雑な問題の解決のためのイノベーションとエンパワーメントの技能を修得するのである。

名古屋大学5研究科連携ESDプログラムは、以上のような考え方の下に、5研究科のSDに関連する約60の授業科目から編成されている。

一方、筆者は、問題解決を見つけ出す技能・手腕の修得のための方法のひとつとして、持続可能な社会づくり、「充足」型の社会システムづくりの政策立案能力を涵養するプログラムを開発し、本学内外の授業や自治体職員の研修などで試行してきている**【表4】**。

この政策立案能力涵養プログラムでは、表の縦列にある行財政・国土構造、経済・企業、資源・エネルギー・暮らしの3部門に、それぞれ6つ、計18の政策

表4　持続可能な社会づくり政策立案能力涵養プログラム

	政策分野	政策手法	環境			経済的公正			社会的公正			合計
			低炭素社会	循環型社会	自然共生社会	地域経済再生	所得格差是正	雇用創出	男女共同参画	社会的対立解消	南北格差是正	
行財政・国土構造	1-1 税金	所得税・法人税など中心										
		消費税中心										
		ガソリン税・たばこ税など中心										
	1-2 社会保障財源	保険料										
		消費税										
		環境税（同時に保険料軽減）										
	1-3 行政体制	中央集権（国・県・市）										
		分権（国・道州・市）										
		地方主権（国・市）										
	1-4 公共サービス	税金で行政が中心										
		寄付金などでNPOが中心										
		民間企業がビジネスとして										
	1-5 国土構造	メガシティに集約										
		中規模都市を多数形成										
		小規模都市に分散										
	1-6 地域交通	自動車中心										
		公共交通＋自動車										
		コンパクトシティ＋自転車など										
経済・企業	2-1 原材料・労働・製品市場	グローバル化										
		国内市場重視										
		地域自立化										
	2-2 貿易自由化	聖域なき関税撤廃										
		食糧・健康などは例外										
		国内産業の保護優先										
	2-3 経済運営	財政出動中心										
		金融緩和中心										
		経済規制撤廃中心										

	政策分野	政策手法	環境			経済的公正			社会的公正			合計
			低炭素社会	循環型社会	自然共生社会	地域経済再生	所得格差是正	雇用創出	男女共同参画	社会的対立解消	南北格差是正	
経済・企業	2-4 付加価値の源泉	サービス業重視										
		モノづくり重視										
		金融取引重視										
	2-5 成長産業	再エネ・食糧、福祉・医療										
		国土強靭化（建設など）										
		ハイテク製品										
	2-6 企業経営	株主重視										
		従業員重視										
		地域社会重視										
資源・エネルギー・暮らし	3-1 食糧	世界から安く調達										
		地産地消										
		野菜工場・遺伝子組換など										
	3-2 暖房・給湯	都市ガス・灯油など										
		電気（エアコン、エコキュート）										
		太陽熱、薪など										
	3-3 発電	原子力中心										
		天然ガス中心										
		再エネ・コジェネ中心										
	3-4 廃棄物処理	焼却中心										
		リサイクル・リユース中心										
		埋立中心										
	3-5 耐久消費財	新しい技術・デザイン優先										
		長持ち・修理しやすさ優先										
		購入せずリース・レンタル										
	3-6 環境負荷削減方法	生産・消費の抑制で負荷削減										
		システム改革で負荷削減										
		技術で負荷削減										
合計												

出典：筆者作成

分野を設定し、さらに、政策分野ごとに3つ、計54の政策手法を提示している。

表の横列には、持続性の3つの観点、すなわち、環境、経済的公正、社会的公正に、それぞれ3つ、計9の要素（環境:低炭素社会、循環型社会、自然共生社会、経済的公正:地域経済再生、所得格差是正、雇用創出、社会的公正:男女共同参画、社会的対立解消、南北格差是正）を設定している。

このプログラムの参加者は、54の政策手法を、9の持続性の要素の観点から評価する。評価は、基本的には、4～5人のグループで議論しながら実施する。グループは、A政権、B政権……とし、総理を決め、総理が仕切る。総理や大臣になったつもりで、それぞれの政策手法が、環境などに及ぼす効果・影響を判断する。プラスの効果があれば1点、マイナスの効果がある場合はマイナス1点、効果が中立な場合は0点とする。

全部で54ある政策手法の中には、説明を要するものもあるので、あらかじめ説明しておく。また、持続性の観点、すなわち、環境、経済的公正、社会的公正の中身は、前述の21世紀における「リベラルアーツ」として、共有しておくべきものである。持続可能な未来のための価値や原則が網羅的に盛り込まれているのが2000年に採択された「地球憲章」であり、ESDの10年のユネスコの中間年会合（2009年）で採択されたボン宣言では、「ESDは『地球憲章』に盛り込まれている公正、充足、寛容などの諸価値を基本とする」と謳われている。地球憲章はコンパクトな教材である。筆者は、このプログラムにとりかかる前に、地球憲章の価値や原則をめぐって、ワールドカフェ方式で学生に議論させ、その共有化を図っている。なお、このプログラムは54×9＝486もの論点を議論しながら判断するので、授業（90分）の回数は3回から5回は必要となる。

さて、486の判断が終了したら、それぞれの政策手法ごと（横列）に点数を合計する。それぞれの政策分野の中でいちばん点数が高い政策手法が、その政権が採用した政策手法となる。採用した政策手法は計18ある。

次に、採用した18の政策手法の点数を9つある持続性の要素（低炭素社会、地域経済再生など）ごと（縦列）に合計する。採用した18の政策手法の組み合わせによって、その政権の持続性の要素のレベルが決まる。

レーダーチャート【図13】は、ある授業で行った学生たちによる3つの「政権」の9つの持続性の要素ごとの点数を示している。これを見ると、次のことがわかる。

まず、基本的には、面積が大きいほど持続性が高いので、C政権の政策が最も持続的である。

次に、政権ごとの長所、短所がわかる。例えば、最も持続的であるC政権だが、自然共生社会、南北間格差是正が弱い。あるいは、B政権は、持続性のうち、環境には強いが、経済的公正や社会的公正には十分に対応していない。

また、レーダーチャートは、バランスの善し悪しを示してくれる。C政権は、面積が大きいので最も持続的であり、また、最もバランスがとれていることがわかる。

本プログラムでは、政策分野、政策手法をあらかじめ提示しているが、例えば、安倍政権のアベノミクスの3本の矢、原発再稼働、集団的自衛権などを持続性の3つの観点、あるいは9つの要素からチェックしてみるのも面白いのではないだ

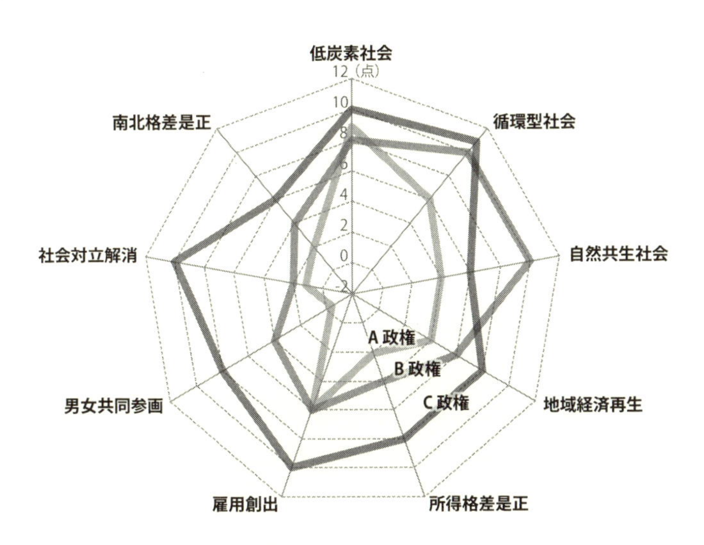

図13　持続可能な社会づくり政策立案力涵養プログラム（レーダーチャート）
出典：筆者作成

ろうか。

さて、大学院で環境政策論を担当する筆者の授業（演習）では、学生は「充足」型社会システムづくりのための社会実験プロジェクトやシナリオづくり研究などに参加する。これが、実践的な人材育成方法である。これまでの社会実験プロジェクトは、あとで「充足」型社会システムの事例として登場する「名チャリ」、「リユース」などである。筆者がいくつかのテーマを与え、これに応じて学生はチームで企画書を作成し、それを関係する行政機関、団体などに提案する。同時に、国や民間団体の研究・活動の委託費や助成金を申請する。社会実験プロジェクトそのものの成果と課題、あるいは、そこから得られたデータの解析をテーマにして修士論文や博士論文にした学生は多い。

シナリオづくり研究としては、あとで述べる低炭素都市のシナリオ、レジリエント都市モデルなどの研究、あるいは、同じく後述の欧州の「気候同盟（Climate Alliance)」との自治体気候政策の日独協力研究に学生を参加させ、これらの成果を「国連気候変動枠組条約締約国会議（COP)」のサイドイベントで発表してきたのである。

こうした政策立案能力涵養プログラムや、学生たちが社会実験プロジェクトやシナリオづくり研究などに参加したことによって、広い意味のポリシーメーカーが育成されたかどうかは、筆者自身、忸怩たるものがないわけではない。

第3節　「充足」型の社会システム：10の事例

「効率戦略」や「代替戦略」は、その多くが市場で流通する電気機器・自動車・建物などの単体の機器を対象にしているのに対し、「充足戦略」は、主に、食糧・エネルギーなどの地産地消、コンパクトシティ、カーシェアリング、コミュニティサイクルシステム、リユース、コジェネ地域熱供給、バイオマス利用などといった「地域システム」を対象とする。そして、それは「結果として活動量を減らす社会システム」である。

ここで、さまざまな「充足」型の社会システムの事例を見ることにする。

1　かつてあった「充足」型の低炭素社会

まず、「充足」型の低炭素社会である。50～60年前までのこの国は、「充足」型のエネルギー需給構造であった。

「気候変動に関する政府間パネル（Intergovernmental Panel on Climate Change：IPCC」の第4次評価報告書（2007年）では、先進国は2050年には温室効果ガスの排出量を1990年比マイナス80～95%に削減しなくてならないとしている。日本の政府も、長期目標として、2050年にはマイナス80%としている。

マイナス80%の社会はどんな社会なのか？ そんな社会を想像することすらで

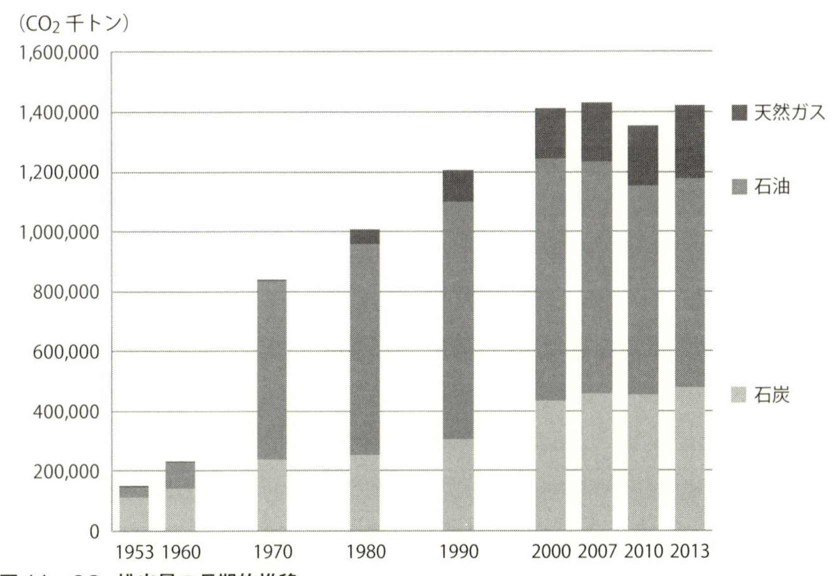

図 14　CO_2 排出量の長期的推移
出典：旧総合エネルギー需給バランス表および総合エネルギー統計の一次エネルギー国内供給量（石炭、石油および天然ガス）から筆者作成

きないのではないか。そうだとしたら、過去を振り返ってみたらどうだろうか。日本でCO_2排出量が現在の5分の1程度だったのはいつ頃だろうか？

図14は資源エネルギー庁が作成している「総合エネルギー統計」(1990年以前は「旧総合エネルギー需給バランス表」)の最も古い1953年まで遡ってCO_2の排出量を概算し、その推移を見たものである。なお、総合エネルギー統計の集計の方法は、1990年以前の「総合エネルギー需給バランス」とは異なるが、CO_2排出量は最も基本的なエネルギーデータである石炭、石油および天然ガスの一次エネルギー国内供給量から算出されるので、CO_2の排出量の算定には連続性があると考えられる。

これを見るとわかるように、日本のCO_2排出量は、高度経済成長期の1960年代に発電所・工場、自動車などでの石油の消費量の拡大に伴い一気に約4倍増となった。1970年から現在までは約1.7倍増となった。1970年代の2度にわたる石油危機を経て、高いエネルギー価格の下、省エネ型の製造設備などが導入され、産業構造も変化したことによってエネルギー消費量は1970年代半ばから1980年代半ばまで減少・横ばいであったが、1980年代半ば以降のバブル期にエネルギー消費量は増大するとともに、第二次石油危機後の石油代替エネルギー政策としての石炭の消費量拡大が1980年代の半ば以降現実化し、これに伴ってCO_2排出量は増加してきた。

そして、図14から、1960年頃のCO_2排出量が、現在と比較して概ねマイナス80%の水準であることがわかる。今から50～60年前である。仮にマイナス80%の社会を「低炭素社会」と呼ぶとすると、日本では1960年頃までは「低炭素社会」であったと言える。

いくつか数字を挙げてみる。1960年の粗鋼生産量は2,200万トンであり、現在の5分の1程度であった。また、1960年の自動車の保有車両数（軽自動車・自動二輪を含む）は340万台であり、2013年の7,963万台の25分の1以下であった。1960年の輸送量は旅客で現在の約6分の1、貨物は同じく約40分の1であった。1960年の一次エネルギー国内供給量、最終エネルギー消費量は、旧総合エネルギー需給バランス表によると、それぞれ3,984PJ[5]、2,732PJであり、2013年は総合エネルギー統計によると、それぞれ20,999PJ、13,984PJであるので、1960年は一次エネルギー国内供給量で2013年の19%、同じく最終エネルギー消費量で20%であった。そして、1960年のGDP（実質、平成2年基準）は46兆円であり、現在の10分の1以下であった。

このような社会経済の活動量の数字を比較してみれば、1960年のCO_2排出量が現在より80%程度少ない「低炭素社会」であったというのは至極当然のことであるが、日本では約50年前までは、量的な意味で「低炭素社会」だっただけでなく、以下のような「充足」型の「低炭素社会」であったのである。

まず、家庭でのエネルギー利用を見ると、その頃までは、「再エネ」が全国平均で家庭用エネルギー消費（電力を含む）の半分近くを占めていたのである。ここで言う再エネの中心は、薪炭であった。1960年では、旧総合エネルギー需給バランス表によると、家庭用の「新エネルギー等」の消費量は、家庭用のエネルギー消費の41%であり、電力消費量の3倍以上もあった。なお、エネルギー統計に表れてくるエネルギーは「商業エネルギー」であり、薪炭も売買されるものだけが対象になっている。当時、都市部の家庭などで薪炭を利用する場合には購入しなくてはならなかったが、農山村部の農家などでは、一般的には、今注目されている「里山」から自前で調達していたわけであるので、エネルギー統計に表れない薪炭の実際の消費量は、統計上の数字の何倍もあったであろう。ちなみに、農村部にある我が家のエネルギーの変遷を見ると、風呂は、1970年代半ばまで里山の薪で焚いていたが、深夜電力温水器になり、やっと、2015年の3月になって太陽熱温水器（プロパンガスのエコジョーズで追い焚き）を入れた。1960年頃までは煮焚きも薪のかまどで、その後は現在に至るまでプロパンガスである。暖房は、炭の火鉢から、練炭火鉢、石油ストーブ、そして、里山の薪による薪ストーブとなった。

---

[5]　ペタジュール（Peta-Joule）＝1000兆ジュール。

また、今でも照明を消すことを「電気を消す」というように、その頃までは、電気を使うのは照明が中心であった。1950年代末から、テレビ、洗濯機、扇風機、冷蔵庫といった家電製品が急速に普及し始めた。

当時、電気の半分以上は、これも再エネである水力発電でつくられた。「水主火従」(水力発電が主で火力発電が従) の時代であった。1960年では、電気事業者の発電のちょうど50%が水力発電であった。

一方、輸送量における自動車の分担率を見ると、現在は旅客で約6割、貨物で約9割であるが、1960年では旅客で4.7%、貨物で15.0%であった。ただし、当時の鉄道のエネルギー消費は石炭・コークスが多く、電力の約8倍(1960年) であったので、鉄道が必ずしも「低炭素型」の交通手段でなかったとも言えるが。

このように、家庭や発電の分野では、薪炭や水力という身の丈に合った再エネが半分、あるいはそれ以上を占め、輸送の分野では、自動車の分担率が極めて小さいというように、1960年頃までの日本は「充足」型の低炭素社会であったことがわかる。

そして、この頃から、大量の化石燃料の消費、排熱は捨てるだけの巨大集中型の火力発電所 (ドイツなどには20世紀の初めからコジェネ型の発電所があった)、自動車社会といった拡大・成長路線となっていった。

今から40年後の2050年には、50年前と同じレベルの排出量にすることが目指されているが、目指すべきは、エネルギー消費を我慢したり、原子力やCCS (炭素回収貯蔵) に頼ったりする低炭素社会でなく、「充足」型の低炭素社会である。

2　コジェネ拡充で一次エネルギー・CO_2大幅削減 ——ベルリン——

第1章で述べたこの国のエネルギーの2つの「無駄」、すなわち、発電排熱を海・大気に捨てていること、大量の「熱」を捨ててつくられた電気による電気抵抗で「熱」をつくることを同時に克服しているのがベルリン都市州(人口340万人、193万世帯、ベルリンは市であり州でもある) である。

ベルリンでは、東西統一の年の1990年に「エネルギー節約的、環境・社会適合的なエネルギーの供給･利用の推進に関するベルリン州法」が制定されている。

この州法では、できる限り非再エネは利用しないこと、一次エネルギーの有効利用のため排熱利用・排熱回収を徹底することなどを原則とし、以下のような措置を規定している。

① 州の施設における熱需要の最小化、コジェネからの熱の利用、再エネの利用、電気による暖房・給湯の廃止、「エネルギーパス」（熱診断）の実施等の義務

② 非再エネの利用を最小化するための住宅・ビルの省エネ化、分散型の再エネおよびコジェネ施設、地域熱供給の排熱利用設備、ガスエンジンのヒートポンプ、分散型のガス（バイオガス、汚泥硝化ガス、埋立地ガス）利用設備などへの州からの補助

③ 5,000kW以上の発電設備、高圧ガス導管などの設置にあたっての住民手続きの義務

④ 2kW以上の電気で熱をつくる機器および深夜電力利用機器の禁止

⑤ 近距離・長距離熱供給への接続の義務

⑥ エネルギー供給事業者が法律の原則に適合しているかなどについての審査・是正

このようにベルリンでは、州法においてエネルギー政策上の権限を創設し、CO_2削減につながるさまざまな措置を講じている。

上記⑤では、住宅などにコジェネ熱による近距離・長距離熱供給への接続の義務を課し、④では、2kW以上の電気で熱をつくる機器および深夜電力利用機器を禁止している。

まず、コジェネである。コジェネは総合効率が高いので、コジェネからの電力･熱の消費量は一次エネルギー供給量に近い。コジェネは「充足」型のエネルギーシステムなのである。

ヨーロッパで最大の地域熱供給網を持つベルリンでは、市内に10か所のコジェ

ネ（電気出力2～10万kW程度）、ブロックコジェネ（街区単位の主にガスエンジンによるコジェネ）が約200か所、熱供給施設が7か所あり、これらからの熱（768.3万kWh）を総延長1,516kmの熱導管によって、全世帯の3分の1に当たる約60万世帯に供給している。人口当たりのコジェネ熱の利用率を見ると、ベルリンはドイツの他の都市の2倍ほど高い。

例えば、ベルリンのミッテ地区にできた新しいコジェネは、2つのガスタービンとひとつの蒸気タービンによって380万kWhの電気と620万kWhの熱をつくり出し、熱は総延長84kmの供給網によって6万戸の住宅、500の公共施設などに供給されている。1964年から運転していた以前の施設と比べると、年間100万トンのCO_2を削減しているのである。

そして、コジェネやブロックコジェネの電力はベルリンの電力需要の42%をまかなっている。

ベルリンにおける1990年から2011年までの一次エネルギー供給と最終エネルギー消費の推移を見ると、最終エネルギー消費はほぼ横ばいであったが、一次エネルギー供給は大幅に下がってきている【図15】。一次エネルギー供給量が下がってきたのは、コジェネが普及してきたからであろう。図15から「ベルリン市内の「一次エネルギー供給／最終エネルギー消費」の値を算出してみると、1990年に1.37であったものが2011年には1.12程度にまで下がっている。ベルリンの2011年の値は、図9（85ページ）にあった主要国の「一次エネルギー国内供給／最終エネルギー消費」（2012年）のどの国よりも低いのである。

また、ベルリンのCO_2排出量について、直接排出量（域内での化石燃料燃焼に伴うもの）と間接排出量（域内で消費する域外の発電所からの電力の生産に伴うCO_2を含む）の推移を見ると、いずれもほぼ並行して下がってきていることがわかる【図16】。いずれも、1990年比では25%程度の削減である。

1990年に東西ベルリンも統一され、統一直後は、旧東ベルリンの老朽工場の改修・褐炭発電所の転換などによって、CO_2排出量は1990年代半ば過ぎまで大きく減り、その後横ばいになったが、2000年代の初めから再び大きく減少して

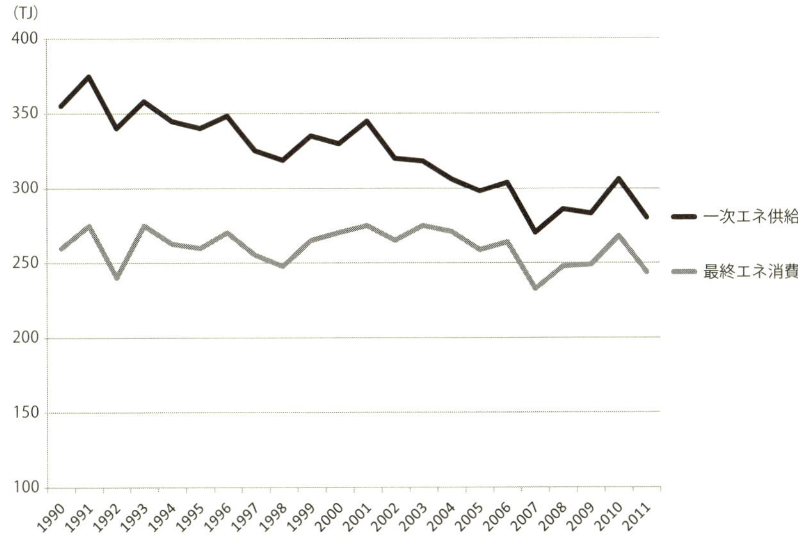

図 15　ベルリンにおける一次エネルギー供給および最終エネルギー消費の推移
出典：ベルリン州都市発展・環境局資料から筆者作成

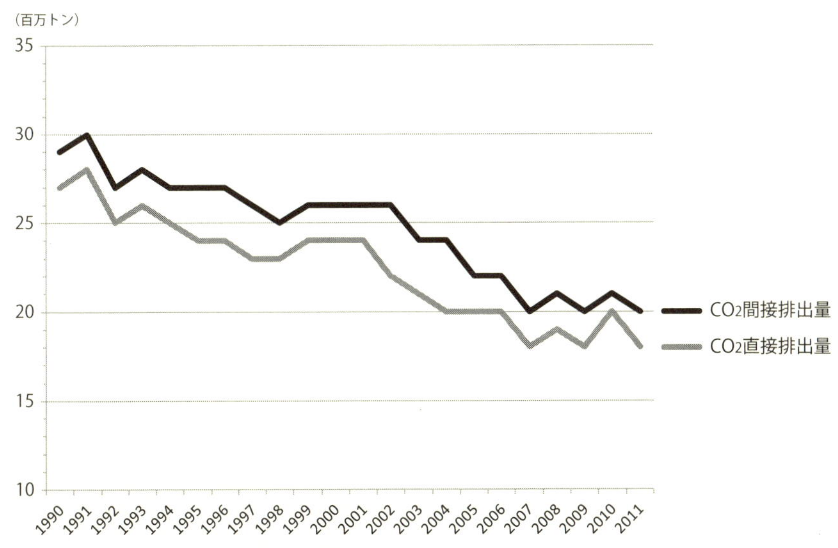

図 16　ベルリンの CO_2 排出量の推移
出典：ベルリン州都市発展・環境局資料から筆者作成

いることがわかる。この2000年代初めからの減少は、ひとつは、ドイツ全土でもそうであるが、ガソリン消費量が2002年から減少していること（「エコロジー税制改革」の効果であると言われている）、もうひとつは、既存の石炭・石油・天然ガスによる暖房・給湯にコジェネ排熱が代替することに伴うCO_2排出量の減少である。

いずれにしても、国や地域のエネルギー政策（日本には「地域のエネルギー政策」はないのであるが）は、この「一次エネルギー供給／最終エネルギー消費」の値を1に近づけることを最大の目標とすべきである。

なお、ベルリンのコジェネのほとんどを運営しているVattenfall Europa社（スウェーデンの元国営電力会社、ドイツの4大電気事業者のひとつ）の最新のコジェネからの熱の「一次エネルギー係数」は0.567である。これは、1,000の熱をつくるのに要する一次エネルギーは567であることを意味する。通常のコジェネからの熱の一次エネルギー係数は0.7程度であり、都市ガスや石油の一次エネルギー係数は1.1 ～ 1.3程度、電力は3.0程度である。

次に、2kW以上の電気抵抗で熱をつくる機器および深夜電力利用機器の禁止措置である。前述のように、日本では、近年、大量の排熱を捨ててつくった電気で熱をつくる機器の普及が著しいが、ベルリンでは、それらの設置・利用を法律で禁止しているのである。また、日本では、負荷調整運転のできない原子力からの深夜の電力を使わせるために、電気温水器、エコキュート、氷蓄熱などがある程度普及してしまっているが、脱原発に向けては、こうした深夜電力を使用しないようなシステムに変えていく必要がある。こうした深夜の電力需要を満たすために、稼働していない原発の代わりに火力発電を焚き増すのでは、まったく意味がない（ただ今現在の日本がそうである。こんなことをやっているから燃料代が嵩むわけであり、CO_2が余計に排出されるのである）。ベルリンでは、脱原発が円滑に進むよう、2kW以上の深夜電力の利用機器を禁止しているのである。

ドイツでは、比較的大きな都市には「都市事業団（Stadtwerke）」があり、みずから発電所を持って電力・熱を供給し、また、ガスや水道の供給、都市交通、廃棄物処理などの事業を行っている。都市事業団は市にとって、地域の温暖化対策の有力な実施部隊であるが、1998年からの電力市場の全面自由化によって厳しい競争にさらされ、いくつかの都市事業団は民間に売却されるようになった。ベルリンは、元々都市事業団を持っておらず、電力の供給は、戦前からの民間のエネルギー企業Bewag社（ベルリン都市州も一部出資）が行っていたが、2003年にはVattenfall Europa社がこれを買収した。エネルギー供給企業による電力、ガスの供給の方法などに対して、日本の自治体は、エネルギー政策上の権限がないこともあり、発電所の燃料転換などの温暖化対策上の措置は一切採られていないが、ベルリンでは、州法によるエネルギー政策上の権限の創設などによって、民間のエネルギー企業が、他の都市の都市事業団が実施しているようなさまざまな温暖化対策上の措置を採っているわけである。

コジェネとは関係ないが、ベルリン市では、ユニークな太陽光発電推進策を行っている。日本でも「太陽光発電用の屋根貸し事業」が登場し始めているが、ベルリンでは固定価格買取制度が始まった2000年代初めから「ソーラー屋根取引所ベルリン」ができている。太陽光発電施設などへの投資が盛んになっているが、設置場所の確保が課題となっており、市内の公立学校の屋根を太陽光発電設置者・投資家に賃貸することとし、設置者・投資家との調整を図るため「ソーラー屋根取引所ベルリン」をインターネット上で開設した。現在、64の学校などの公共施設に、合計3,956kWの太陽光発電施設が設置されているのである。

さて、IEAは日本では2030年に総発電電力量の15%はコジェネからの電力であると予測している。また、日本ガス協会は2030年のコジェネの発電容量は3,000万kWとしている。この15%と3,000万kWは概ね符合する。これを実現するためにも、日本でも、コジェネからの電力の逆潮流を認め、また、コジェネからの電力も再エネ電力と同様に電力小売事業者が買い取る制度を導入すべきである。また、熱導管などは公共インフラとして公共事業で整備すべきである。そして、地域冷暖房・給湯はコジェネ排熱を利用し、また、これまで冷暖房がなく、脳溢血などの危険もあったトイレや浴室の脱衣場、あるいは玄関もコジェネ排熱で冷暖房するのである。コジェネからの電気であれば、電気で熱をつくっても一次エネルギーの無駄は格段に少ないわけである。

コジェネは「充足」型のエネルギーシステムであり、電気抵抗で熱をつくる機器および深夜電力利用機器の禁止措置も「充足」型の措置なのである。

3　日本版の「環境税制改革」の提案

次に、日本版の「環境税制改革（Environmental Tax Reform）」を提案する。

環境税制改革とは、環境関係税の導入または税率引き上げと他の税の税率引き下げを併せて行い、環境と他の政策目的を同時に達成する「負担中立」「税収中立」の税制改革である。例えば、ドイツでは、1999年から2003年までの間、毎年、エネルギー税（電気税・鉱油税）の引き上げと年金保険料の引き下げを同時に行って、企業･家計の税･保険料負担を基本的に中立化し、結果として、2,000万トンのCO_2削減（2003年）と25万人の雇用創出（この間の累積）という成果を挙げた。

この方法は、前述のように、1983年にスイスのザンクトガレン大学の経済学者ビンスバンガー教授らが提案している[6]。当時の提案は、大気汚染・酸性雨被害の低減と雇用の創出を同時に達成するため、エネルギー税の税率の引き上げと年金保険料の料率の引き下げを併せて行う方法であった。雇用創出の効果は、事業主は従業員（被保険者）の年金保険料の負担を従業員と折半するわけであるが、事業主負担額が少なくなると、事業主としては、新たな雇用をしやすくなるからである。実際の環境税制改革は、ドイツにおいて1999年に導入された。1998年の選挙で16年間続いたコール保守政権に代わったシュレーダー赤･緑（社会民主党・緑の党）連立政権が導入した。政権交代によって実現したのである。

この国では、CO_2の排出量を2000年には1990年レベルに安定化するとの目標

[6]　*Arbeit ohne Umweltzerstörung. Strategien für eine neue Wirtschaftspolitik*、1983年。

を盛り込んだ「地球温暖化防止行動計画」（1990年10月）の策定直後から、環境庁（当時）を中心に環境税の検討・研究が進められてきた。基本的には、石炭・石油・天然ガスにCO_2排出量に応じて課税し、その税収で温暖化対策を実施するというスキームで検討されてきた。紆余曲折を経て、現行の石油石炭税に「地球温暖化対策のための税」を上乗せする方法が2012年10月から導入された。初年度の税率289円／CO_2トンであり、初年度の税収は391億円。この税率は段階的に引き上げられ、平年度（2016年度から）の税収は2,623億円となる。これは、再エネ・省エネ対策財源の調達のための単純増税であり、「環境税制改革」ではない。

余談だが、1992年のリオデジャネイロでの地球サミット直後、元総理の竹下登、のちに総理になる橋本龍太郎らの自民党「環境族」は3つの政策の実現を目指した。1つ目は、環境基本法の制定である。これは宮沢喜一自民党内閣が国会に提出し、細川護熙連立内閣のとき（1993年）に成立した。2つ目は、環境省の設置である。これは、橋本龍太郎自民党・さきがけ・社会党連立内閣による中央省庁再編の中で実現し、環境庁は2001年1月から環境省になった。そして、3つ目が環境税の導入である。長きにわたって課税対象、税率、経済効果などが研究・検討され、自民党税制調査会での審議も何回か先延ばしになり、結局、既存の石油・石炭税に上乗せする形で2012年から導入されたのである。環境族の目論見から、ちょうど20年後に、中身はどうであれ、3つ目も実現された。この間、竹下も橋本も鬼籍に入った。環境庁は省に昇格して「普通の役所」となったが、そこに環境税によって使い道に困るくらいの大きな財源が転がり込むようになり、東京電力福島第一原発事故による放射線の除染関係の巨大な予算と相まって、「普通の利権官庁」となったのである。

さて、筆者の提案は、次の2種類の環境税制改革である。

ひとつは、CO_2排出削減と雇用創出の同時達成を狙うものである。これは、ドイツ、イタリアなどで実施されてきている環境税制改革（「エコロジー税制改革」とも言う）と同じである。ドイツでは、石油・天然ガスに対する税と新たに導入された電気税を2000年から2003年まで毎年1月1日に引き上げ、一方で、年金保険料率を同じく引き下げた。2004年以降は、2003年のレベルが維持されている。税負担のほうが年金保険料負担を上回る製造業などには超過分の95%を還付することで基本的に負担の中立化が図られる。また、再エネ、コジェネ、公共輸送機関などには減免措置が採られ、エネルギー種ごとの税率には温暖化対策上の観点からの差異が設けられている。

この間の実績について、ドイツ連邦環境庁（UBA）は2005年に「2003年だけで年間2,000万トンのCO_2が削減、2010年までには年間2,400万トンが削減される」、「2003年までに25万人の雇用増があった」などと評価している。また、エコロジー税制改革により、2002年からはドイツ全体のガソリンの消費量が減ってきている（偶然だが、日本でも2002年からガソリンの消費が減ってきている。理由は燃費の向上と1台当たりの走行キロの減少である）。

さて、筆者の提案は、こうである。化石燃料の最終製品ごとに5万円／炭素トンの炭素税を課し、同時に炭素税負担額と同額の年金保険料を減額し、企業・家計の負担を中立化する。業種・事業者によっては、炭素税額が年金保険料の事業主負担を大きく上回るが、上回る部分には課税しない。こうすると政府には10.5兆円の炭素税収があり、同額の保険料収入が減る。現在、基礎年金の給付総額は約15兆円であり、このうち約9兆円が年金保険料によってまかなわれている。この年金保険料9兆円の代わりに炭素税収10.5兆円から充当すると、近年の政治的課題である基礎年金財政が全額税金でまかなうことができ、基礎年金の一元化が図られることになる。これにより、企業・家計のエネルギーコストが10.5兆円増加するのでCO_2も減り、また、事業主の年金保険料負担が約9兆円減るので、新規雇用もしやすくなる。なお、CO_2排出量の削減により税収額・給付額が減少していくので、例えば、10年計画の環境税制改革とし、毎年、2%程度ずつ炭素税率を上げていく。これはCO_2排出削減のインセンティブにもなる。このように、本提案は、CO_2削減、雇用の創出だけでなく、我が国における積年の政治的課題である基礎年金財政の一元化も実現させる。民主党政権以来、「税と社会保障の一体改革」が大きな政治的課題となったが、結局、消費税を引き上げるための口実でしかなかった。「税と社会保障の一体改革」であるなら、上記のような税制改革を議論の俎上に載せるべきであったであろう。筆者は、かつて、政権交代以前の民主党の何人かの国会議員に、この1つ目の環境税制改革を提案したことがあった。いずれも「いいね」という反応だけで終わったのであった。

2つ目の環境税制改革は、CO_2排出削減と地方財政基盤強化の同時達成を狙うものである。これは、欧州などには導入例や提案例はない。筆者オリジナルの提案である。

1つ目の税制改革提案と同額（5万円／炭素トン）の炭素税を、地方税（府県税）として課し、同時に炭素税負担額と同額の法人税または所得税（いずれも国税）を減額し、企業・家計の負担を中立化するのである。業種・事業者によっては、炭素税額が法人税・所得税額を大きく上回るが、上回る部分には課税しない。筆者の計算では、これにより、10.8兆円の国の税収（法人税·所得税）が減り、同額の地方の収入（府県税）の増加となる。地方は国から交付金などをもらうのでなく、この方法によって地方の税源を創設するのである。ただし、このままでは、工場、火力発電所などが多いCO_2排出量が大きい都道府県ほど炭素税収入が大きくなるので、中立化した後の炭素税収10.8兆円をブロック（将来の「道州制」）の人口比で按分し、ブロック間の公平化を図る。

これも、例えば、10年計画の環境税制改革とし、毎年、2％程度ずつ炭素税率を上げていき、CO_2排出削減のインセンティブとする。

2種類の環境税制改革案を提案したが、いずれも、CO_2排出削減と他の政策的課題の同時達成を目的とし、また、基本的には企業・家計の負担は変わらない。したがって、政府の温暖化対策という単一の目的での増税（増税は省庁の利権でもある）である「地球温暖化対策のための税」とは根本から異なる。

また、今後、量的に大きく増加しない労働の成果（所得や利益）を課税対象とする所得税、法人税などに依存するのではなく、政策的に減らさなくてはならないCO_2などを課税対象にすることによって、安定的な税源となるのである。もちろん、CO_2排出量が減少していくと税収も少なくなるので、税率を引き上げる必要がある。

労働の成果（所得や利益）が課税対象である所得税、法人税などを中心とする税体系は「成長型」であり、ここに示した環境税制改革といった税体系は「充足型」であると言えよう。

4　「個体的所有」とサービサイジング

モノの所有にも「排他的」な所有と、「充足的」な所有があるのではないか。

ロックの『統治論』では、旧約聖書『創世記』第1章28節において、神はアダムに「地を治めよ」と命じ、人類に自然を共有物として委ねたとし、「自然が供給し残しておいた状態から、人間が取り出したものは何であれ、人間が自分の労働を投入し、自分自身のものである何かをそれに付け加えたのであり、そのことによって、それを彼の所有にする」としている。これが環境破壊の歴史的根源だとする見解[7]があるが、ユダヤ＝キリスト教の世界観ならずとも、自然から奪い取ってモノを所有することは、環境の破壊であると理解することができる。そこで、ロックは「神は、人間が自然に対して専制君主のように振る舞うのではなく、自然を神から信託されたとおりに管理する者として振る舞うよう命じている」と言う。したがって、公共的な価値を持つ自然物が損なわれないよう、これを公共信託によって守ることが必要となる。このようにモノの所有とは、労働を加えて資源・原材料たる環境から奪い取ってきた結果であり、環境破壊の結果である。この所有は、奪い取る、排他的であるという意味で「私的」所有である。したがって、環境の管理に関して「公的」あるいは「社会的」な規制などの措置が講じられなければ、環境は損なわれる一方である。しかし、環境破壊の淵源たる「私的所有」をそのままにしておいて、環境の管理に公的な規制などの措置を講じて

[7]　品川哲彦「環境、所有、倫理」（『思想』2001年第4号（No.932）所収）。

も、それは対症療法であって、根源的な問題解決にならないのではないか。

この国で公害の嵐が吹き荒れていた1960年代末、平田清明は『市民社会と社会主義』（1969年）において、「個体的所有」を論じた。「私的所有」による「疎外」などを克服するのは、「社会的所有」（当時現実にあった社会主義国では「国家による所有」）ではなく、「個体的所有」だというのだ。「私的所有」の否定は「社会的所有」の実現だとするのは、レーニンに起因する通俗的見解であり、「個体的所有」が再建されていく社会こそが社会主義社会であるとした。

「私（private）」は排他的であり、「個（individual）」は共同体の一員として位置付けられる。これは、「labor（労働）」と「work（仕事）」の関係、「value（値の程度）」と「worth（人間生活に役立つこと）」の関係と同じであるという。いずれも、言語的には、前者がラテン系、後者がゲルマン系である。単に言葉をつなげてみると、前者は、「排他的な労働で、高く多く売れる商品をつくる経済」、後者は、「共同体の一員としての仕事で、人間生活に役立つ製品をつくる経済」と言えよう。後者が、平田流の社会主義経済である。

平田によれば、高度な資本主義社会では、生産手段は勤労者の共同占有物と化しており、それを共同に「所有」する過程が社会主義建設の過程だという。また、この過程は、勤労者みずからの個体的所有を現実化していく過程に他ならないという。

いったい「勤労者みずからの個体的所有の現実化」とは具体的に何か。

社会思想史家、経済学説史家であった平田は、同時代的設問であった公害・環境にはまったく言及していないが、前述のように、環境破壊の淵源が「私的所有」であるとすると、「個体的所有」が環境破壊の克服のヒントになるのではないか。そうであるなら、（勤労者の）「個体的所有」を実現するための今日的な方法は何か。

今日、環境破壊は、主に、モノの生産、流通、使用・消費、廃棄などを通じて生ずる。

モノが「商品」になった途端に、「交換価値」と「使用価値」を持つ。このことは、古典派経済学の発明品ではなく、既に古代ギリシャのアリストテレスが明らかにしている。

「交換価値」は、売れるかどうか、市場で取り引きできるかどうかの度合い。「使用価値」は、モノが提供するサービス。例えば、自動車は「移動する」というサービスを提供し、パソコンは「情報を得る」、「通信する」などのサービスを提供し、エアコンは「暖かくする」、「涼しくする」というサービスを提供し、ブランド品のバッグは「優越感に浸ることができる」というサービスを提供する。商品をつくる側にとって、いくら良質のサービスを提供するモノであっても、売れなければ意味がない（商品にならない）ので、交換価値が優先される。商品を買う側にとっては、良質のサービスを提供するモノであっても、高ければ買えない。そこで、サービスの程度と値段とを天秤にかけて、モノを買う。モノを買うといっても、そのモノが必要なサービスを提供してくれるので買うのであって、モノを持つことが目的ではない。

「モノ」には、所有しているだけで意味があるものと、そのモノから得られるサービスに意味があるものとがある。前者には、ブランド商品などシンボル的なもの、あるいは投機の対象となるものが挙げられよう。後者には、移動というサービスのための自動車、情報･通信というサービスのためのパソコン、暖･涼というサービスのためのエアコンなどが例として挙げられる。種類としては、圧倒的に後者のほうが多い。

いずれも、生産され、流通し、使用・消費され、廃棄される。モノの所有の形態からすると、前者は排他的な所有が前提、後者は我が物とする必要はないが、現実には排他的に所有されている。それも、1種類のサービスを得るために、複数のモノを所有しているのが現状だ。例えば、暖・涼・温水というサービスを得るために、炬燵、扇風機からはじまって、石油ストーブ、ガスストーブ、電気ストーブ、電気カーペット、エアコン、床暖房（電気、ガス）、太陽熱温水器・ソーラーシステム、エコキュート（ヒートポンプによる給湯）、エコウィル（家庭用コジェネ）、エネファーム（家庭用燃料電池）等々の中のいくつかを同時に「私的所有」しているといった具合である。これだけのモノ（各種の冷暖房機器）を所有するために、その生産、廃棄などに伴う環境影響は大きいし、所有者にとっても明らかに無駄があり、地球的にみても持続的ではない。

そこで、個々の家庭・オフィスなどは、こうした「モノ（冷暖房機器、灯油・ガス・電気）」を買うのではなく、「暖・涼」そのものを買うことができないか。いわば「モノが生み出すサービス」の所有である。20世紀末から、いくつかの分野で「サービサイジング」がビジネスモデルとして発展している。まさに、モノを売るのではなく、モノから生まれるサービスを売る（リース・レンタル、共有など）ことによって、より大きな付加価値を得るビジネスの方法であり、環境負荷も相対的に小さい。「脱物質」の方法である。そして、これは「拡大生産者責任（Extended Producer Responsibility：EPR）」のひとつの形態でもある。「所有でなく使用」である。これこそが平田の言う（勤労者にとっての）「個体的所有」ではないだろうか（ここまで論を進めてきた後で思うのだが、やはり平田の「固体的所有」は生産手段の所有のことであって、消費財は対象ではないのではないか）。

いずれにせよ、「所有でなく使用」は結果としてモノの生産などの活動量を減らすわけであり、「充足戦略」のひとつである。

5　放置自転車を活用した共有自転車システム

次に、放置自転車を活用した共有自転車と公共交通が連携することによって、通勤・通学・買い物に要する自動車利用・CO_2排出量を減らし、また、結果として私有の自転車を減らすことによって放置自転車を減らすということを目的とした「名チャリ」の社会実験である。

筆者の研究室では、学生たちの企画により、放置自転車を活用した共有自転車システムの社会実験を2007年から3回実施してきた。名古屋は、ほとんどが平坦な地形であり、自転車の利用が活発である。だから、放置自転車の量も多い。名古屋市は、毎年、約7万台の放置自転車を回収しているが、このうち、所有者が現れないのが毎年約3万台程度ある。一方、名古屋市のヒトの移動の交通機関別の分担は、自動車が約7割、その他が約3割であり、東京23区や大阪市は逆の割合であるので、名古屋市が自動車に大きく依存した都市であることがわかる。

そもそも、自転車は個人が私有しており、目的地に着けば、そこに鍵をかけて置いておく。置いてある場所にもよるが、置いてある自転車は他の人の邪魔になるだけで、何の役にもたたない。

例えば、ドイツ随一の自転車のまちであるドイツ北西部のミュンスター市（人口約30万人）の状況を見る。市街地の端には、市外から自動車で来た人がまちの中心部に行くために自動車から自転車やバスに乗り換える施設がある。そこには、自転車を1台ごと保管する鍵の付いたボックスも50個ほどある。また、中央駅前には90年代末にできた3,000台収容の地下駐輪場がある。地上部は太陽光発電が屋根部に設置されたガラス張りの構造になっている。郊外からミュンスター市に電車で通勤、通学してくる人々が、ここで自転車に乗り換えて、職場、学校に行く。以前は、中央駅前は乱雑に置かれた放置自転車の山だったが、今は駅前には放置自転車はない。しかし、駅裏にまわると、おびただしいい数の自転車が乱雑に並んでいる。自転車が個人の私有物であるので、使っていない時間には、乱雑か整然の差はあれ、放置自転車の群れができるのであり、また、先ほどの鍵の付いた自転車保管ボックスが必要になるのだ。

そこで、自転車を個人所有でなく共有にし、誰でも、いつでも使えるようにすると、1台の自転車の利用の回転率が高まり、置いている時間が短くなるのではないかというのが、名チャリの発想である。そして、修理した放置自転車を使う、共有自転車の管理は機械式でなく人手による、そして、学生たちが地元商店街の人たちなどと協働で実施する、といった点が名チャリの特徴である。

1回目の社会実験（2007年）は、学生たちが企画し、政府の都市再生本部のモデル事業に採択されたので、栄・伏見地区の商店街の人たち、電通中部支社などの企業の関係者の協力を得て実施した。当初、名古屋市当局は「自転車は必ずしも環境にやさしいわけではない。放置自転車の問題を理解しているのか？」として、名チャリにはネガティブな反応を示した。市の担当者たちは「お忍び」

で1回目の社会実験を視察していた。

ところが、翌年の2回目の実験の前に、名古屋市は名チャリの推進のため、部局横断的なチームをつくり、名古屋市の「カーフリーデー」に名チャリの社会実験を実施するよう学生たちに要請してきた。3日間だけであったが、当時の松原市長の意向もあり、2回目の社会実験は当初「ネガティブな反応」を示した名古屋市当局の協力の下に実施された。

3回目の社会実験（2009年度）では、名古屋市の緊急雇用対策の予算約1億円が名チャリの社会実験に充てられるなど名古屋市の全面的な協力が得られた。ステーション（共有自転車が置かれている場所）は、名鉄・JR・近鉄の名古屋駅から中心部の栄地区までの間の公共交通（地下鉄）の駅の近く、人が集まる主要な地点計30か所である。放置自転車を修理した自転車300台を使用、期間は2か月間であった。

1日の1台当たりの利用回数（回転率）は1回目の2007年12月の社会実験（自転車100台、ステーション5か所、2週間）では2回に満たなかった。自分の自転車

表5　「名チャリ」社会実験結果概要

	2007年度	2008年度	2009年度
実施地域	栄地区	栄地区	名駅地区～栄地区
実施日数	13日	2日	60日
自転車台数	124台	201台	300台
ステーション数	5か所	10か所	30か所
会員登録者数	1,432人	764人	30,794人
利用回数	1,892回	952回	98,846回
日平均利用回数	144回／日	476回／日	1,674回／日
日最大利用回数	―	―	2,826回／日 （12月4日）
回転率	1.16回／日／台	2.37回／日／台	5.49回／日／台
最大回転率	―	―	9.42回／日／台
平均利用時間	―	―	32.4分
未返却台数	4台	2台	37台
修理件数	―	―	238件

出典：名古屋大学大学院環境学研究科竹内研究室

の場合でも、行きと帰りに乗るので、1日の利用回数は2回になるはずであるが、共有自転車の最初の社会実験では、それよりも低かった。

2回目の2008年9月の社会実験（自転車100台、ステーション5か所、3日間）では期間が短かったが2.37回になった。

2009年10月20日からの3回目の社会実験（自転車300台、ステーション30か所、2か月間）では、会員登録は3万人を超え、2か月間の利用回数は10万回に迫り、1日1台当たりの利用回数は5.49回、2か月間の最高利用回数は9.42回にもなった。3回目の実験ということもあり、名チャリはたいへんな人気であり、30か所のステーションには10台の自転車が配備してあるが、日中には、ほとんどのステーションで自転車がない状態である。1日1台当たりの利用回数が平均5.49回、最高9.42回ということは、ほとんどの時間使われていたということになる【表5】。

もうひとつの目的である自動車から公共交通＋名チャリへの転換については、

表6　名古屋都市圏における「共有自転車」の導入コスト・CO_2削減量などの推計

■全74システムの合計年間コスト（単位：億円）

	機械式自転車管理方式	人的自転車管理方式
初年度	157.60	93.61
平年度	66.60	83.99

■会員収入見積もり（単位：億円）

会員数	250万人	200万人	150万人	100万人	50万人
月会費500円	150	120	90	60	30
1,000円	300	240	180	120	60
1,500円	450	360	270	180	90

■共有自転車システム導入によるCO_2削減量（単位：トン／年）

	17区・市（242万人）
通　勤	58,564
日常の買い物	24,444
休日の買い物	19,118
合　計	102,126

出典：2010年度環境省委託『チャレンジ25地域づくり事業報告書』（公財名古屋産業科学研究所）から作成

いずれの社会実験も、名古屋駅（JR、名鉄、近鉄）と中心街の栄地区の間で行われ、この間は最も利用客の多い地下鉄の区間であることもあって、大規模な3回目の実験の結果でも、名チャリの利用者のほとんどは徒歩（45.4%）または地下鉄（43.5%）の代替であり、自動車の代替はタクシーを含めても3%程度であった。

一方、自動車利用者へのアンケート調査では、名チャリが本格実施した場合に、自動車から「名チャリ＋公共交通」へ転換するとの回答は7割強であった。CO_2削減の可能性は少なくないと言えよう。

この社会実験では料金は無料だったが、中心になって社会実験を担当した学生が、実験中に調査を実施し、得られたデータをもとにCVM法（仮想評価法）によって「支払い意志額」（WTP）を算定したところ、185円となった。

また、社会実験とは別に、市民に対するアンケート調査をもとに、共有自転車導入による交通行動変化がもたらすCO_2削減効果などを推計した**【表6】**。愛知県下の400人にウェブ調査し、行き先（区・市）の公共交通機関の駅などに共有自転車システムがあった場合に、それを利用するかどうかの意向を調査し、これらから、共有自転車システムの導入が可能な行き先の区・市（17区・市）を絞り込み、1システム300台として、行き先の区・市ごとのシステム数（合計74システム）を推計した。その際、自転車管理の方式ごとに全74システムの初年度・平年度の年間コストを算出し、これを月会費でまかなう場合の会員数と月額の組み合わせを示した。一方、共有自転車システムを導入することによって、自動車利用者が、公共交通で目的地近くの駅まで行き、そこから共有自転車システムを利用して勤務先、買物先などに行くという行動変化が期待できることから、ウェブ調査の中の共有自転車システムに対する利用意向の回答結果を用いて、共有自転車導入による交通行動変化がもたらすCO_2削減効果を推計した。その結果、共有自転車システム導入によるCO_2削減原単位は、通勤で1,000人当たり24.2トン／年、日常の買い物で同10.1トン／年、休日の買い物で同7.9トン／年、合計で同42.2トン／年となり、これらから、CO_2削減量は名古屋圏（17区・市、総人口242万人）で10.2万トン／年と推定された。これは、この地域の交通部門のCO_2排出量の

2%に相当する。

公共交通の一翼を担う名チャリは、これを事業として展開していかなければならない。公共交通と連携したコミュニティ・ビジネスとしての起業を目指している。

6　リユースのコミュニティビジネス

「名チャリ」も、放置自転車を修理して共有自転車システムに活用したので、自転車のリユースでもある。そして、リユースによって新たな製品の生産が必要ではなくなる。「充足」型の社会システムである。

私たちは、環境から原材料やエネルギー源を採ってきて、モノをつくり、モノを買ってきて使って、そのモノがいらなくかったら、焼却したり、埋め立てたりして、環境を汚している。これが量的に増大し、この一方的な流れが、このままつづくと、環境は採り尽くされ、また、地球温暖化などがますます進行する。そこで、いらなくなったモノを、すぐに埋立・焼却するのではなく、別のモノをつくるときの原材料にする「リサイクル」が1990年代半ばから本格的に進められてきた。現在、日本の家庭ごみの約2割、産業系のごみの5割強は、リサイクルされるようになってきた。しかし、ごみを焼却する際に排出されるCO_2は2,700万トン（2012年）、日本全体のCO_2排出量の2%を占めている。このCO_2は1990年比で18.1%もの増加である。そのほとんどは、廃プラスチックの焼却処理に伴うものである。

「すぐにごみになるものを買ってこない、もらってこない」。これが、家庭からのごみを減らす鉄則。しかし、ペットボトルやアルミ缶などの飲料容器、プラスチックの弁当箱、豆腐や卵の容器などは、すぐにごみになるが、中身とともに容器も買ってこざるをえない。レジ袋も、すぐごみになるが、もらってきてしまう。中国では、近年「白色汚染」が大きな問題になっているようだ。レジ袋、発砲スチロールの弁当箱などの白色系のごみがまちの中に散乱しているというのだ。家庭でごみを減らしたり、白色汚染を解消したりするには、やっぱり、使い捨て容器ではなく、何度も繰り返し使える容器にしないといけないのではないか。例えば、ビールを飲む家庭では、缶ビールからびんビールに替えると家庭からのごみは確実に減る。缶はすぐにごみになるが、ビールびんは繰り返し使うからである。ごみを減らす（リデュース）のためには、繰り返し使うこと（リユース）が鍵になる。

筆者の研究室では、繰り返し使うことができるびん（Rマークびん）の家庭における利用促進を目指した社会実験を2回行った。

1回目は、Rマークびんに入った飲料を買ったときと、飲み終わってびんを返却したときに、それぞれ「エコマネー」というインセンティブを付けるという実験だった。Rマークびんには愛知万博のキャラクター（モリゾーとキッコロ）のラベルを貼付した。ラベルを集めると「エコマネー」がもらえる。期間中、名古屋市内の大手スーパーでは、ラベルが貼付された飲料は合計約2,000本以上売れたが、所定の回収場所に返却されたRびんは100本以下だった。

次に、どんなRマークびんでも返却すると、10円で買い上げるという実験をした。繰り返し使えるびんは10円の「環境価値」があるとしたわけである。この実験も大きな成果があったとは言えなかった。

Rびんは、返却されて、回らなければリユースにならない。南九州の焼酎は、Rびんに入れるようになり、地元では回っている。ある大手の居酒屋チェーンでは、清酒をRびんに入れて、回している。まずは、地産地消的な飲料を対象としたり、家庭でなく取扱量の大きい飲食店を対象にしたりして、次第にリユースの輪を広げていく方法がいいのかもしれない。

一方、2008年の秋、「リユースステーション」の社会実験をした。まだ使えるけれど家の中にねむっている衣類、食器類などを持ち込み、使いたい人が持ち帰っていく拠点（リユースステーション）を名古屋市内でNPO法人中部リサイクル運動市民の会（以下、「中リ」）が運営するリサイクルステーションに併設した。結果から言うと、持ち込まれた衣類などの7割はリユースされ、余った3割はリサイクルされたのである。

まず、社会実験の設計に当たり、あらかじめ名古屋市および隣接市町村に居住する500名を対象として、ウェブ調査を行った上でリユース品目などを設定した。「家庭の中の不用なものをリユースに提供したいと思うのか？」については、「物によってはしたい」が77%であり、「積極的にしたい」が19%だった。「提供したい理由」については「まだ使えると思う」が40%、「ごみを出したくない」が24%、「地球環境によい」が17%。リユースに提供したい品目を聞いたところ、「衣類」が78%、「食器」が48%、「おもちゃ」が32%、「カバン」が30%だった。次に、「リユース可能な場所に行き、リユース品を利用したい品目」については「衣類」が42%、「家具」が38%、「調理器具」が23%、「食器」が21%。また、リユース品目が入手可能な場所に「行くと思う」が86%であり、「行かないと思う」が14%であった。リユースしたい場所は、「スーパー」が46%、「市役所・区役所等の行政機関」が28%、「学校」が22%の順という結果だった。

そこで、中リがスーパーの駐車場に開設してきている「リサイクルステーション」の脇に「なごやリユースステーション」を併設し、衣料品、陶磁器、鍋・釜などをリユースの対象とした。中リのリサイクルステーションは、名古屋市内で1980年代から資源回収を行っているステーションのことであり、名古屋市内のスーパーの駐車場など48か所で実施されており、回収している品目は古紙（段ボール・新聞・雑誌など）、缶・びん、古着、鍋類・陶磁器であり、社会実験では、リユースステーションでリユースできなかったものは、この併設のリサイクルステーションに移し、既存のリサイクルルートに乗せることによって、直接ごみになるものの発生を回避した。

リユースの社会実験は、2008年の10月と11月に、リサイクルステーション48か所のうち、9か所にリユースステーションを併設して行った。9か所のリユースステーションは全部で43回開催され、延べ訪問者数は3,468人。リユース品の提供者の総数は500名であり、引取者の総数は1,156名だった。リユースステーションに提供したリユース品の数は、衣類品が5,684品（53.4%）で5割を超え、皿、カップ、鍋類を合わせた厨房道具類が3,687品（34.6%）であり、本が1,270品（11.9%）

であった。リユースステーションで再利用するため引き取った品目数は、衣類品3,388品（44.0%）であり、厨房道具類3,102品（40.3%）、本1,197品（15.5%）であった。リユース率（引き取られた点数／提供された点数）の平均は72.0%であった。

これは大成功であり、この実験の成果をもとに、中リは常設のリユース・リサイクルステーション「エコロジーセンターRe☆創庫あつた」（名古屋市熱田区）を2010年6月に本格オープンしたのである。コミュニティ・ビジネスとしてのリユース事業の起業である。その後、「エコロジーセンターRe☆創庫」は、近隣の春日井市、名古屋市西区にも開設された。ちなみに、「Re☆創庫あつた」のリユース品売上高は2010年に8,989千円、2011年に10,745千円、2013年に15,217千円と伸びてきている。

7 「リユース」でCO_2の排出削減

モノのリユースということは、不要となったら廃棄するのではなく再度使うということであるので、モノのライフサイクル（製造、流通、使用、廃棄）の中の製造の段階が省かれる。CO_2は、モノのライフサイクルの各段階で排出されるが、リユースすることで、製造の段階から排出されるCO_2は排出されないことになる。したがって、リユースはCO_2削減につながる。単純な理屈は、こういうことであるが、これを、前述の中部リサイクル運動市民の会（「中リ」）のリユース・リサイクルステーションなどで実証してみた。

リユース・リサイクルステーションは循環型社会づくり・ごみ減量のため、前述の社会実験を経て、2010年から名古屋市内45か所で定期的に開設され、不用品の持ち込み（寄付）が行われているが、2013年10月から12月末までのキャンペーンとして「不用品をリユースしてお得にCO_2を減らそう大作戦2013」を実施した。名古屋市民に対して、循環型社会づくり・ごみ減量のためだけでなく、CO_2削減のためにも、不用品の持ち込みの促進を呼びかけたのである。持ち込まれた不用品（リユース品）は、2013年11月から14年1月末まで、中リの2か所の「エコロジーセンターRe☆創庫」と、この間3回開催した「チャリティーマーケット」で販売された。これらの場所では、不用品の持ち込みも受け付けた。持ち込みと購入の対象品目は、衣料品17分類と陶磁器3分類とした。あらかじめ、名古屋市内のほぼ全世帯に当たる87万8,350世帯に本キャンペーンのチラシを配布し、周知を図った。

また、リユース・リサイクルステーションでは、3か月間のキャンペーン期間中は、不用品を持ち込んだ市民に対して、リユース品を購入する際に利用できる「リユース値引券」を1回の持ち込みにつき1枚配布した。キャンペーン期間中に限り、不用品の持ち込みと購入の促進のための経済的インセンティブを持たせたわけである。

「リユース値引券」を利用すれば、衣料品は20%（天然繊維）～40%（化学繊維）、陶磁器は10%の値引サービスを受けられることとした。この値引率は、事前に

表7　衣料品・陶磁器の段階ごとの CO_2 排出量原単位（単位：g-CO_2／kg-製品）

	衣料品				陶磁器
	天然繊維		化学繊維		
	綿	毛	ポリエステル	ナイロン	
製造段階	9,282	39,776	20,310	12,403	3,042
流通段階	93				182
利用段階	1,385				2,171
回収段階	255				255
再流通段階	255				255
再利用段階	1,385				2,171
廃棄段階	0		2,290		769
計（ワンウェイ）	10,759	41,254	24,077	16,171	6,164
計（リユース）	6,327	21,575	12,986	9,033	5,523
リユースによる CO_2 削減率（%）	41	48	46	44	10
リユースによる CO_2 削減量	4,432	19,679	11,091	7,138	1,741
	6,829		10,522		

出典：2013年度環境省委託「名古屋リユース促進コベネフィット CO_2 削減事業」報告書

算出した各素材の全ライフサイクルにおけるCO_2排出量原単位（天然繊維6,829g-CO_2／kg-製品、化学繊維10,522g-CO_2／kg-製品、陶磁器1,741g-CO_2／kg-製品）に基づき、概ねCO_2削減効果の大きさに応じた経済的なインセンティブが付与されるよう設計した。

このキャンペーンで持ち込みと購入の対象として扱った衣料品（天然繊維（綿、毛）、化学繊維（ポリエステル、ナイロン））および陶磁器の全ライフサイクルにおける段階別のCO_2排出量原単位（g-CO_2／kg-製品）は、表7のように算出した。

化学繊維は、廃棄（焼却）の際のCO_2が大きいので、リユースによる削減量は天然繊維よりも大きい。したがって、化学繊維の「リユース値引券」の値引きの率が40%と高い。化学繊維のほうが天然繊維よりも値引きの率が高いことに違和感を持つかもしれないが、その理由は以上のとおりである。なお、綿、毛、ポリエステル、ナイロンを対象にしたのは、天然繊維については綿と毛だけで天然繊維織物全体の95.8%、化学繊維についてはポリエステルとナイロンだけで化学繊維織物全体（長繊維織物と短繊維織物を含む）の79.8%を、それぞれ占めており、それらが天然繊維織物、化学繊維織物を代表する素材と見なすことができるためである。

リユース品の販売に際しては、その値札に、以上のように算出した当該リユース品の利用に伴うCO_2削減量と値引率を表示した。

このキャンペーン「不用品をリユースしてお得にCO_2を減らそう大作戦2013」の成果を見る。

まず、この3か月間のリユース・リサイクルステーションの開催回数は350回であった。この3か月間の不用品の持込件数は総計6,976件であり、前年度の同じ時期の4,045件から72%の増加となった。ほぼ全戸配布の事前のチラシと、「リユース値引券」が効いたと思われる。

次に、この期間の「リユース値引券」の配布枚数は、10月が1,869枚、11月が2,010枚、12月が1,375枚の合計5,254枚であった。「リユース値引券」の利用枚数は1,054枚であり、利用率は20.1%であった。「リユース値引券」をもらっても、利用期間が3か月間であったので、利用するチャンスが少なかったかもしれない。

また、本キャンペーン中の衣料品のリユースによるCO_2排出削減量は17.72CO_2トン、陶磁器のリユースによるCO_2排出削減量は6.45CO_2トン、合計では24.17CO_2トンであった。

これは、あらかじめサンプル調査によって算定したリユース品分類ごとのリユース品1点当たりの重量に、上記の排出原単位を乗じてリユース品1点当たりCO_2削減量を算出し、これに、それぞれの分類の販売点数を乗じて分類ごとのCO_2削減量を算出し、全体を合計したものである。この24.17CO_2トンのうち、本キャンペーンによる削減分を算定してみると、不用品の持込件数が前年度比72%の増加ということから、10.12CO_2トンと推定できる。なお、ここでは3か月分の活動しか算出していないが、本キャンペーンを1年間継続させたと仮定すると、年間96.68CO_2トンの削減が期待できる。同じように、このうち40.47CO_2トンが本キャンペーンによる削減分と推定できる。

以上のことから、衣料品、陶磁器のリユースは、ライフサイクルのCO_2排出量を削減すること、また、キャンペーンや経済的インセンィブを付与することによって、その削減量が増幅することが検証できたのである。

8　我が家の薪ストーブ

愛知県の知多半島の先のほうにある我が家では、数年前から暖房には薪ストーブを使っている。温暖な地域ではあるが、暖房は必要である。鋳物製のストーブは、名古屋にある専門店で購入した。ドイツ製で、重さが180kgもある。ステンレス製の煙突のほうがストーブ本体より高価。本体28万円、煙突40万円、工事・設置費12万円。床・壁には、レンガなどを別途購入してきて自前で断熱措置した。レンガなどは3万円。合計80万円を超えた。新車の軽自動車が買えそうなくらいで、「これは、贅沢だ、道楽だ」と地元の友人は皮肉った。さて、薪は完全に自前。我が家の小さな里山が薪の供給源。焚き付けには、庭木の剪定枝も使う。そもそも、薪ストーブを導入しようとしたのは、里山のヤマモモ、カクレミノ、クリなどの木が朽ちたり、祖父が50年前に植えた杉が台風によって倒れたりするのをみて、これを何とか活用しなくてはと考えたからである。木を倒し、丸太を切るためにチェーンソーも購入した。薪割りには、我が家伝来の斧を使う。かつて、我が家では、台所での煮焚き、風呂焚きの薪は、この里山から採っていた。煮焚きは50年近く前にプロパンガスになり、風呂焚きは30年ほど前に深夜電力給湯に替わった。そして、2015年からは給湯は太陽熱温水器に替わった。暖房は、炭の火鉢に電気炬燵が加わり、40年ほど前に、火鉢の代わりに石油ストーブになり、いまや薪ストーブだ。なお、2015年春からは太陽光発電（15kW）も入れた。

昨今、「里山」がブーム。間伐や下草刈りなどは、熱心に取り組まれているが、間伐材などを活用しなくては、里山の意味がないのでは。「生態系サービス」と言われるが、里山という生態系のサービスは、キノコ、タケノコなどの食料の供給、環境教育・レクリエーションの場などをいうのであろうが、最大のサービスは薪、炭といったエネルギー源ではないだろうか。日本の農村では、つい50年ほど前まで、エネルギー源は薪・炭が中心だった。だから、「里山」だった。その頃までは、電気による照明などを除けば、人糞の利用、里山からの薪の採取などの農村の生活様式は「江戸時代」が続いていたと言える。

前述のように、総合エネルギー統計によれば、1960年頃までは、家庭のエネルギー消費の約半分はバイオマスであった。薪や炭である。農村などの家庭では、照明用の少々の電気以外はほとんどバイオマスであった。

さて、我が家では、薪ストーブを入れたことによって、暖房のすべてと煮焚き（冬季のみ）の一部は、薪でまかなうようになった。灯油代はゼロになったが、薪ストーブ一式の購入費80万円の元がとれるのは、何十年もかかることだろう。『家庭用エネルギー消費年報』（住環境計画研究所）によれば、東海地域の2007年の世帯当たり灯油消費支出は1万3,304円であるので、単純に計算すると、元をとるには60年かかる。この60年という数字を考えると、本当に薪ストーブは、道楽かなという気もしないでもないが、薪を採るときの充実感はお金には代えられないし、薪がストーブの中で燃える炎は眺めるだけでも心が和む。

薪はカーボン・ニュートラルなので、CO_2はゼロであるが、鋳物ストーブなどの製造の際に排出したCO_2量まで元をとるには何年かかるのか。これも試算してみた。鋳物製品1kgを生産する際には1.16kgのCO_2排出量となるというデータがある。この数字を使ってみると、180kgの鋳物ストーブをつくる際には209kgのCO_2が出る。先ほどの家庭用エネルギー消費年報で東海地域の2007年の世帯当たりの灯油消費量は170リットルだということがわかる。灯油1リットル燃やすと2.52kgのCO_2が出るので、170リットルでは428kgになる。したがって、鋳物ストーブをつくる際のCO_2（209kg）は、ひと冬の灯油消費に伴うCO_2（428kg）の半分程度である。試算してみて、ちょっと安心。鋳物ストーブ本体以外に、ステンレス製煙突、レンガ、チェーンソーなどの製造時のCO_2、ドイツからストーブを運んでくるときのCO_2も加算したとしても、ひと冬の灯油消費に伴うCO_2ほどにはならないだろう。さらに、チェーンソーには混合油年間3リットル程度、里山から薪を運ぶときの軽トラックのガソリンも年間5リットル程度か。

全国で里山保全活動をしている人は何十万人いるか知らないが、里山で薪をつくり、できれば地元の鋳物工場に薪ストーブをつくってもらって、暖房をカーボン・ニュートラルにするというのはどうだろう。

9 「走る家電」電気自動車に「充足」型のまちづくりを期待

電気自動車が注目されている。グリーン成長のエンジンのひとつとされているが、電気自動車の価値は単に自動車の駆動エネルギーがガソリンから電気に代わるだけではないはずだ。

2009年6月に三菱自動車が電気自動車「i-MiEV」の量産を開始した。2010年にはトヨタやパナソニックも出資している米国テスラ社の電気自動車（スポーツカー）の試乗会があった。同年12月には日産自動車の電気自動車「リーフ」が発売された。また、ハイブリッド車をエコ戦略の中心に据えているトヨタ自動車も2012年には一般ユーザー向けのプラグイン・ハイブリッドの「プリウスPHV」を発売し、三菱自動車も2013年に「アウトランダーPHEV」を発売した。前者はフル充電で最長26.4km走行だが、後者は同じく60km程度と長い。前者は当初の販売目標の5分の1程度にとどまっているが、電気自動車（EV）性能の高さが売りの後者はフル生産状態と両者の間で差がついている。

電気自動車と言えば、1970年代初頭、通産省工業技術院の大型プロジェクト制度（通称「大プロ」）で電気自動車開発が行われた。しかし、バッテリー性能がネックになって、電気自動車は、ゴルフカートなどのほか、電力会社、一部の自治体の環境パトロール車などとして細々と使われてきたにすぎない。自動車取得税などの優遇措置、自治体への補助金もあったが、自動車メーカーは、電気自動車に極めて冷ややかだった。ここにきて、ブームになっているのは、電気自動車のバッテリー用としてのリチウムイオン電池の生産に目途がついたからと言われる。ただし、世界的争奪戦が展開され、一部外交問題にもなったレアアース対策が前提となる。また、電気自動車が蓄電池として、スマートグリッドや災害時の電源の一翼を担うことになりそうだという背景もある。

電気自動車は「走る家電」と言えよう。電気自動車については、自動車業界だけでなく、電力関係、重電関係、IT関係などさまざまな業界がしのぎを削っているが、電気自動車が、これまでのエンジン駆動の自動車に代替していくと、いったい、どんな環境へのインパクトがあるのだろうか。また、電気自動車によって、私たちの暮らしやまちはどう変わっていくのだろうか。

まず、電気自動車に代替することによるCO_2削減量をざっくりと試算してみる。

日本での約5,000万台のガソリン乗用車（「トヨタ・ヴィッツ」を前提とする）が順次、通常の買い替えのペースで、同数の電気自動車（三菱・i-MiEVを前提とする）に買い替えられていくと仮定する（製造時・リサイクル時のエネルギー消費量・CO_2排出量は同じと仮定）。ヴィッツの燃費は、ガソリン1リットル当たり20km、すなわち、1km当たりガソリン50ccであり、1km当たり116.1gのCO_2を排出する。一方、i-MiEVは1km当たり125Whの電力を消費するので、電力CO_2原単位（2013年度の代替値551g-CO_2／kWh）を乗ずると1km当たり68.9gのCO_2を排出することになる。自動車の使用時のCO_2排出量を見ると、i-MiEVはヴィッツの59.3%となる。2013年度では、年間のガソリン消費量が4,466万キロリットル、これに伴うCO_2が1.17億トンであるので、すべてのガソリン乗用車が電気自動車に買い替えられることによって、その59.3%である6,940万トンのCO_2削減になり、1990年のCO_2総排出量11.54億トンの6.0%が削減されることになる。

また、電気自動車はモーターによる駆動であり、ガソリンエンジンのような大きな排熱がないので、ボディーなどは鉄鋼製品である必要はなく、より軽量の樹脂製品が適していると言われる。2013年度の鉄鋼業のCO_2排出量は1.4億トンであり、また、鉄鋼製品の約25%が自動車用である。樹脂製造のCO_2原単位は鉄鋼製造の半分と仮定すると、ボディーなどに樹脂製品を採用することに伴い、鉄鋼業のCO_2排出量は4分の1の3,500万トン減り、樹脂製造よって1,750万トン増加するので、差し引き1,750万トンのCO_2が削減されることになる。

さらに、電気自動車は排熱がないので、電気自動車に転換することによって、大都市における人工熱排出を減らし、ヒートアイランドを緩和し、冷房に要するエネルギーを削減し、CO_2削減をもたらす。名古屋でのおおまかな試算を示すと、名古屋市内の人工排熱の約40%は自動車からの熱であり、ガソリン乗用車から電気自動車に転換することによって、トラックからの熱が5%分残るとして35%分の人工熱が減り、名古屋の夏季の最高気温は0.3℃低下する。0.3度の気温低下によって、中部電力の1日当たりの発電電力量は300万kWh減る。冷房期間を90日として2億7,000万kWh減少し、中部電力の電力CO_2原単位（2013年度）が513g／kWhであるので、年間13.9万トンの減少となる。仮に日本の10の大都市で同様の効果があるとすると、全国では単純に計算して139万トンの削減となる。

以上、ガソリン乗用車5,000万台がすべて電気自動車に替わり（6,840万トン削減）、ボディーなどの素材が鉄鋼製品から樹脂製品に転換し（1,750万トン削減）、自動車排熱がないことに伴う都市気温の緩和といった効果（139万トン削減）も加え、合計9,729万トンのCO_2削減、1990年総排出量11.54億トンの7.6%が削減されると計算される。

さて、人口減少・高齢化は都市部においても急速に進行していくと予想されており、将来的には、例えば、駅を中心とした生活圏・仕事圏（コンパクトシティ）を形成していくことが必要であると言われている。そこで、郊外の大規模火力発電所に替えて、生活圏・仕事圏ごとに、都市ガスを燃料にするコジェネ・地域冷暖房を整備して、特に増大する高齢者が熱（排熱）を豊富に利用していけるようにしていくことが必要であると考えるが、そうした生活圏・仕事圏における電気自動車の電源は、このコジェネを中核にし、太陽光発電が補完していったらどうだろうか。マクロで見たエネルギー効率が最も高く、かつ、最も低炭素な都市の形が、これであろう。

また、電気自動車や充電ステーションだけ独立して考えてもダメではないか。将来のまちづくりや交通体系と一体的に考えるべきではないか。

そこで、ドイツ連邦政府が指定した「電気モビリティ・モデル地域」のひとつであるライン・ルール地域に位置するアーヘン市を訪ねた。

1980年代後半に「アーヘン・モデル」と言われるようになった太陽光発電のコスト補償措置（FIT）を世界で初めて導入したドイツのアーヘン市都市事業団（STAWAG）では、今、電気自転車・自動車などへの100%再エネ電力の販売施設を市内に整備している。アーヘン市都市事業団は、家庭、業務用に再エネ電力を販売してきているが、新たな販売先として、電気バイク・自動車が大きなビジネス・チャンスと捉えているのである。電気代は、電気スクーター・バイクでは100km走行で約70セント（約80円）である。ちなみに、アーヘン市都市事業団は2010年には1,334百万kWhの電力を小売しており、そのうち51.75百万kWh（全体の3.8%）が再エネ電力である。将来的には、これを40%に引き上げるとしている。このほか、ガス販売量2,743百万kWh、熱販売量366.8百万kWh（熱導管:77.7km）、水販売量18.5百万㎥となっている（いずれも2010年）。なお、アーヘン市都市事業団が小売している再エネ電力は、2010年ではなんとすべてノルウェーの水力発電・風力発電でつくられた電力であり、2011年からは自前の再エネ施設を整備し、小売している。

そして、アーヘン市は、ドイツ連邦政府が指定した「電気モビリティ・モデル地域」のひとつであるライン・ルール地域に位置し、アーヘン市は、アーヘン工科大学、アーヘン市都市事業団などと共同で、2011年5月に「アーヘン地域のための電気モビリティ戦略」を策定している。電気モビリティは「大学が研究し、企業が開発し、地域で実施する」というのが「戦略」の目標である。

2020年までに100万台の電気自動車を導入することを目標としているドイツ連邦政府は、2007年の「エネルギー・気候統合プログラム」において、電気自動車の推進をCO_2削減策の柱の1つと位置付け、2009年8月には、前述の「電気モビリティ・モデル地域」として国内8地域を選定し、総額1.15億ユーロを投じている。また、2010年5月にメルケル首相は経済界、研究学術界それに各省庁からなる「国家電気自動車プラットフォーム」を設置した。連邦政府は、リーマンショックの翌年の2009年には、第一次景気対策として3.6億ユーロをリチウム・イオン電池の研究開発などに、また、第二次景気対策として5省で15プロジェクトに計5億ユーロを投じている。15のプロジェクトの中には、自動車排熱を利用した熱電変換技術の開発、再エネと電気モビリティとのインテリジェント・ネットワーク、バイオメタンの自動車燃料化モデル事業などが含まれている。

筆者は、アーヘン工科大学のデルク・バレー教授らから「電気モビリティ戦略」の説明を受けた。次世代交通システムの研究に少しかかわっている筆者の関心は、電気自動車は単にガソリン自動車などに替わるクリーンな移動手段であるというだけでなく、ガソリン自動車などでは実現できない「移動」以外の新たな機能・付加価値があるのではないか？それは、何か？また、電気モビリティが普及すると、交通体系がどう変わるか？都市の持続可能な発展に向けて、電気モビリティはどう貢献するのか？等々といった点であった。

これらのうち、電気モビリティによる交通体系については、①アーヘン市の中心部では電動自転車・電動スクーター・バイク＋公共交通＋電気自動車シェアリング＋電気自動車、②市内の基幹交通はハイブリッドバス、③郊外の住宅地では電動自転車＋電気自動車、④市の中心部と郊外の住宅地の間の基幹交通は公共交通（鉄道＋トロリーバス）＋非接触充電自動車、という姿が描かれていた。

しかし、残念ながら、電気自動車の「移動」以外の新たな機能・付加価値、あるいは、持続可能な都市への貢献などに関しては、とりたてて目新しい考えなどを聴くことはできなかった。スマートグリッドに関して言えば、太陽光発電・燃料電池の電気をプラグインハイブリッドや電気自動車のバッテリーに貯めたりする豊田市における国のモデル事業のほうが一歩先んじているとの印象を持った。

アーヘン市は、ある程度起伏がある地形となっており、電動自転車は既に800台から1,000台ある。全体の自転車に占める電動自転車の割合は現状で5％あるが、2015年までに3倍の15％に引き上げるのが目標である。アーヘンにおける電動自転車は、電気自動車へのつなぎの位置付けかと思ったが、そうでもなさそうである。

いずれにしても、電気モビリティの電源は100％再エネ電力であるというのが素晴らしい。風力、太陽光などの発電は燃料費が無料なので、発電の限界コストはほぼゼロになり、電気モビリティの電気代も限りなくゼロに近くなっていくからである。

グリーン成長のキーテクノロジーのひとつと言われる電気自動車であるが、持続可能な交通や持続可能なまちづくりにどう貢献するのか、あるいは、少子高齢化社会への対応にどう寄与することができるのか……。これらのビジョン、戦略がないなら、駆動エネルギーがガソリンから電気に替わるだけであって、社会にとっての魅力はないのである。「充足」型の「走る家電」としての可能性を秘めていると思うのだが。

10「双方向回転型風力発電」は騒音などのない「充足」型の再エネ設備

風力発電に伴う騒音などの問題は簡単には解決しない。

A社が開発している双方向回転型風力発電機（通称「トルネード風力発電機」）が注目を集めている。大きさはいかようにもなるが、今のところ、小型風力ということになろう。世界の風力発電の総設備容量は2012年には累積で283GW（『Global Wind Report 2012』）。世界の小型風力は2011年には累積で約0.18GW設置され、2020年までには約5GWの設置が予測されている（『2013 Small Wind World Report』）。小型風力の現状の設備容量は風力全体の1%にも満たないが、2020年までに現状の30倍近くにまで増加すると見られる。同レポートによると、小型風力の設置コストは米国では2010年では2,300～1万ドル／kWであり、平均的には6,040ドル／kWである。中国では小型風力の生産コストは1,900ドル／kWと米国よりかなり安い。

さて、A社の双方向回転型風力発電機は、筒状の上下2段のブレードが双方向に回転（上下のブレードがそれぞれ逆回転）するので発電量が2乗倍になる。

低周波や騒音がほとんどない。バードストライクがない。落雷・突風・台風に強い。特に、通常の風車型の風力発電機は風速が15mから20mで停止するが、これはいちばん発電したい強風のときにも発電できる。設置面積が少ない、などといった大きな特徴がある。

同社は、まず、300Wの風力（材料は耐腐食性アルミニウム合金）とシリコン単結晶110Wの太陽光発電からなる410Wの「ハイブリッド発電システム」を開発した。これは、独立電源用であり、設置費は1台（410W）300万円を超える。kW当たりで見ると700万円を超し、前述の米国の小型風力の平均的設置コストの10倍以上となるが、既に、広告塔、通信用電源、ランドマークなどとして多くの受注がある。この410Wのハイブリッド発電システムのkWh当たりの発電コストを固定価格買取制度に基づく買取価格（20kW未満の風力の買取価格（2015年度）は55円／kWh）程度に下げるためには、生産台数を235万台まで高めなくてはならないと試算されるが、同社では「多様な付加価値があるので、そこまで安くならなくても、十分需要を見込むことができる」としている。

次に、10kW級の双方向回転型発電機については、2010年から、設置費約3,000万円で実証試験が実施されている。これは、高さ15m、アルミ製の4段のブレードからなる。筆者が調査したときには、1年間の総発電電力量は1,048kWhであった。これらの数字から、発電コストなどを試算してみると、発電期間を20年と仮定して、20年間の発電電力量は20,960kWh。設置費3,000万円として、平均的な発電コストは1,431.3円／kWhとなる。kW当たりの設置費は300万円であり、大型風力の設置費と比較すると一桁高い。発電コストを固定価格買取制度の55円／kWh程度にするためには、設置費を115万円程度にする必要がある。それでも、10kW級も既に高速道路のサービスエリアにおける風力注意喚起用の表示・発電装置としての受注があり、稼働している。これも独立電源である。

太陽電池も電卓や独立電源から始まり、住宅用、メガソーラーへと進展してきたではないか。いかにして量産体制に持っていけるかが、ポイントであろう。

さて、同社では、今「ソーラー・ハイブリッド風力発電」の開発を進めている。これは、双方向回転型風力発電機のブレードを炭素繊維製とし、このブレードに薄膜太陽光発電フィルムを一体成型することを狙っている。立体的に太陽の直射光と反射光を受光でき、太陽光発電の効率が向上し、また、狭い敷地に設置でき太陽光発電の設置面積が少なくて済むといった利点が得られる。さらに、太陽光と風力のハイブリッドの費用対効果の向上、夜間や秋から春にかけては風力発電の稼働率が期待できる。

ソーラー・ハイブリッド風力発電こそ、量産効果による設置コストの低減を図らなくてはならないのではないか。

風力発電は、燃料費がゼロの「重要なベースロード電源」である。しかし、通常の風力発電が低周波問題、騒音問題、バードストライク問題、さらには、強風や落雷による破損問題など多様な課題を抱える中で、この双方向回転型風力発電機への期待は高まらざるを得ないのである。独立電源に適した「充足」型テクノロジーのひとつである。

以上、筆者なりに「充足」型の社会システムの事例を10挙げてみた。最近、前出のマンフレート・リンツは、「政策的実践としての充足（Suffizienz als politische Praxis, 2015）において、カーフリーデー、カーシェアリング、地域通貨、自転車の街、都市内農業、累進的電気料金、高速道路での速度制限、携帯電話のデポジット、公共交通の無料化、EUの排出量取引、エコロジー税制改革などを「充足」政策の例として挙げている。10年前には「充足性は、あきらめでなく謙虚、禁欲でなく自発的貧困」として倫理的な議論をしていたマンフレート・リンツも、「『充足』型の社会システム」にたどり着いたということか。

また、ジェレミー・リフキンは「限界費用ゼロ社会――〈モノのインターネット〉と共有型経済の対等――』（日本語版2015年）において、「分散型・水平展開型」、「共有型経済」、「無料のエネルギー（限界費用がほぼゼロの再エネ）」、「所有からアクセスへの転換」などをキーワードとして、新しい経済パラダイムを展望している。これらは「『充足』型の社会システム」と相通ずるのである。リフキンは言う。持続不可能な20世紀型のビジネスモデル、特に、原子力、化石燃料といった限界費用の高いエネルギーにこだわりつづける日本は、今後30年のうちに二流の経済に成り下がるかも知れないと。

次章では、「充足」型エネルギー自治を提案する。

第3章

「充足」型のエネルギー自治

──エネルギー地産「地消」で CO_2 大幅削減、レジリエンス、地域創生──

「充足」型の社会システムの例を見た。この国においては、地域のエネルギーシステムが「充足」型に転換できるかが最大の焦点になろう。そのためには、地域のエネルギー政策の確立、地域エネルギー事業の展開、市民の事業への参加や公共関与などといった「エネルギー自治」を進めなくてはならない。筆者は、こうした「エネルギー自治」の先進事例を欧州などの都市において調査した。

本章では、これらを見た上で、「充足」型エネルギー自治としてのエネルギーの地産「地消」を通じたCO_2大幅削減、レジリエンス向上、地域創生の方法を提案する。

第１節　「エネルギー自治」の先進自治体

1　地域のエネルギーは地域で決める

① 住民投票による「2000W（ワット）社会」――スイス・チューリヒ――

2012年5月、気候同盟[1]の年次総会がスイスのザンクトガレン市で開催された。総会のテーマは「成長からの撤退――2000W（ワット）社会への道」。筆者は2000年にドイツのブッパータール気候・環境・エネルギー研究所に客員研究員として在籍していたが、当時のペーター・ヘニケ所長から「チューリヒ工科大学で『2000W社会』が研究され、提唱されているので、日本でも研究しないか？」と誘われたことがある。そのとき初めて「2000W社会」という言葉を耳にしたのであるが、あれから10余年を経て、スイスでは「2000W社会」は研究から政策へと進化していたのである。研究から政策や産業への橋渡しには、ロラント・シュルツ氏が中心的な役割を担ってきた。シュルツ氏は最近まで「ノバトランティス」(Novatlantis）というチューリヒ工科大学の持続性に関する研究成果を実施に移すためのコンサルティングファームの代表であった。彼は、気候同盟の総会では、「2000W社会――スイスにけるコンセプトと実施」と題した講演を行った。

筆者は、翌日、チューリヒ市を訪れ、市の気候政策（チューリヒ市の「2000W社会」づくり）の説明を受けた。そこにも、シュルツ氏がいて説明してくれた。市役所の担当者トニー・ピュンテナー氏は、現役のカントン（州）の議員（緑の党）でもある。

「2000W社会」は、まず、2001年にバーゼル市でモデルプロジェクトが始まり、4年後にはスイス最大の都市チューリヒ（人口40万人）で取り組まれるようになっ

[1]　Climate Alliance、本節3「② 国を超えた『エネルギー自治』の自治体連携」（186ページ～）で詳しく紹介する。

た。2008年11月30日には「2000W社会」をチューリヒで進めるべきかどうか、すなわち、①1人当たりの一次エネルギー消費量を2,000Wまで減らす、②1人当たりのCO_2排出量を2050年までに1トンに減らす、③再エネを優先する、④原発の新設なし、といった方針について住民投票が行われ、76.4%の賛成を得ている。それでも、「まだ4分の1の市民が賛成していないので、息の長い地道な取り組みをつづけていきたい。サステイナブルなサステイナブル・コミュニケーションが必要だ」とピュンテナー氏。

元々「2000W社会」の2,000Wは、現在の世界の1人当たり一次エネルギー消費量の値を示している。チューリヒでは2005年の1人1時間当たり一次エネルギー消費量は約5,000Wであるので、これを6割減の2,000Wにし、同じく1人当たりの年間CO_2排出量は約5.5トンであるので、これを2050年までに5分の1以下にするわけである。

この1人当たりの年間CO_2排出量が5.5トンというのは小さすぎるように思えるが、スイスでは発電からのCO_2がほとんどないのである。スイスの電力は約55%が水力、約40%が原子力、4.6%が再エネ電力なのだ。原発はベツナウ（運転開始1969年）、ミューレベルク（同72年）、ベツナウII（同72年）、ゲスゲン（同79年）、ライプシュタット（同84年）の5基。今後、原子力の新設はせず、運転開始から50年経ったものから順次廃止し、2034年に最後の原発が廃止となる。こうした脱原発に備え、現在、4つの大規模天然ガス発電所、2つの小規模天然ガス発電所が計画されている。もちろん、太陽光、バイオマス、小水力、風力などの再エネに重点がある。

2000W社会の目標はわかったが、どうやって実現するのか？　チューリヒ市では「エネルギー・マスタープラン」が2002年に市議会で決定されている（2008年と2012年に改訂）。戦略の中心は3つある。

- 「効率化技術」：建物断熱・照明などのエネルギー効率化。地域熱供給と天然ガスの供給が二重にならないように調整。ごみ焼却・下水処理場・工場などからの排熱の利用。

- 「エネルギー源選択」：水力、太陽光、風力、廃棄物など。現在、住宅・建物の熱の約4割は地中熱利用。
- 「充足」：例えば、1人当たりの居住／仕事スペース（スイス全体では10年ごとに1人当たり5㎡の居住面積の増加があったが、チューリヒでは1㎡の増加）、等々である。

ここにも、3つの環境戦略、すなわち、効率戦略、代替戦略、充足戦略が明確に位置付けられているのである。

マスタープランには、市の60部署のうち17部署、また、市の電力事業団や民間の都市ガス会社がかかわり、それぞれの目標、役割等が明確にされている。「マスタープラン実施のため、年間350種類もの市の政策手段が動員されている」とピュンテナー氏。市の電力事業団は、みずからの水力やパートナーの原子力から電気を調達し、市内に配電している。2009年からはスイス国内、ドイツ、ノルウェーに風力発電を設置してきており、2060年までには市内に供給する電力はすべて再エネ電力にする計画である。

チューリヒでは、住民投票という方法を含め、地域のエネルギー政策は地域が決めているのである。研究から政策・産業への橋渡しの役割も見逃せない。「エネルギー自治」のひとつのモデルであろう。

② 市民発議による電気事業の公営化の動き――米国・ボルダー、ベルリン――

米国やドイツでは地方公営（半分以上を自治体が出資する有限会社などを含む）の電気事業者が多いが、最近、私営の電気事業者の地球温暖化への取り組みが不十分であることなどを理由に、電気事業の公営化を求める市民や議会の動きが見られる。

例えば、米国のコロラド州ボルダー市では、2011年11月に公営化の可否に関する住民投票が実施され、僅差で公営化が決まり、現在、公営化に向けた諸準備が進められている。また、ドイツのベルリン都市州では、2012年春から、配電網の再市営化・都市事業団設置を内容とする州法の制定を求める市民発議に向けた署名活動が行われ、必要な署名数が集まった。

ちなみに、電気事業者は、米国には私営約200社、地方公営約2,000社、協同組合営約900社などがあり、ドイツには私営4大グループ、地方公営約900社、協同組合営約700社がある。両国の地方公営の事業は発電から小売までを行っているところも多い。ドイツの公営電気事業者である都市事業団（Stadt Werke）の発電所の4割以上がコジェネ型である。日本には25都道府県・1市に公営電気事業者があるが、すべて水力発電などによる卸供給だけを行っている（発電電力量は日本全体の約1%）。これらの中には、近年、電力会社に身売りするものもある。

さて、ここで扱うのは市民サイドの発議による電気事業の公営化の動きである。

まず、米国コロラド州ボルダー市（人口10万人）である。ボルダーは元々環境に熱心な市であり、米国政府は2001年に京都議定書を批准しないことを決めたが、市では2002年に「Kyoto Resolution」（2012年に90年比マイナス7%）を決議し、市独自のCO_2削減を開始し、2006年には全米初の「炭素市民税」が住民投票で承認されている。CO_2排出量を大きく左右する電気事業はというと、ボルダーでは市とのフランチャイズ契約に基づき、民営のXcel Energy社が石炭火力発電を中心とした電気事業を行ってきていた。

市当局はXcel Energy社に対し、風力、太陽光などの導入を要請してきたが交渉決裂。2010年夏、市議会はXcel Energy社とのフランチャイズ契約を更新しないと決議し、同年12月、市議会は「ボルダー・エネルギー未来プロジェクト」構想を承認。2011年春、「電気事業の市営化は法的にも、技術的にも、経済的にも可能である」とのコンサルタントからの報告が市議会にあり、市議会は同年8月、電気事業の市営化に向け、①電気事業の営業権への課税強化（市営化の資金に）、②市に電気事業の設立および配電網買取のための公債発行権限の付与、の2本の条例案を住民投票に付すことを全会一致で議決。そして2011年11月、住民投票では僅差で可決。現在、ボルダー市は、2017年に向けて、Xcel Energy社の配電網の取得、市営化の方法、そのための費用などに関しての諸準備を行っている。なお、このボルダーの事例については、ボルダー大学の加藤大研究員から報告を受けた。

次に、ドイツのベルリン（人口約350万人）である。住民請求による配電網の再市営化と都市事業団設置の動きである。ベルリンには、他のドイツの多くの都市にある都市事業団はない。ドイツでは1998年から電力市場が全面自由化され、2003年に元スウェーデンの国営電力会社のVattenfall Europa社（ドイツにおける「私営4大グループ」のひとつ）は、ベルリンのエネルギー企業のBEWAG社を買収している。Vattenfall社とベルリン都市州との営業権契約が2014年末で終了することから、市民たち（「ベルリンエネルギー円卓会議」が呼びかけ）は、これを機にベルリンにおける電力配電網の再市営化と都市事業団の設置を求めるという運動を2012年3月から展開した。州法の規定では、市民は一定数（20,000）以上の有効な署名を集めると、議会に対し法律（条例）の制定・改廃の発議（「市民発議」）ができる。この運動は、ベルリンエネルギー円卓会議が作成したベルリンに都市事業団を設置するなどの法案（「ベルリンにおける民主的・エコロジー的・社会的なエネルギー供給のための法案」）を議会に発議するために必要な数の署名を集める運動で、6月末までに30,000以上の有効な署名を集めることに成功している。これを踏まえ、ベルリン政府当局は、8月17日、議会に対し、この法案は州財政を圧迫すること、競争政策上問題があることなどの理由から、これを受け取らないようにすべきとの見解を示した。ここまでが、住民請求の第1段階であった。

Vattenfall社は、ベルリンで世界最高レベルの熱効率のコジェネを行っているが、燃料に石炭も使っており、さらに、市民サイドから見ると、Vattenfall社は法案の名称にもある「民主的・エコロジー的・社会的」ではないということなのであろう。また、都市事業団は、通常、コジェネ、グリーン電力、熱診断・建物断熱、天然ガスへの転換などを実施している。ドイツ連邦政府も「都市事業団は自治体にとっての温暖化対策の実動部隊である」と高く評価しているにもかかわらず、ベルリン政府当局がネガティブであるのはおかしい、とベルリンエネルギー円卓会議は表明している。

ボルダーでは、市民の意思を受けた議会、市当局が表に出たが、ベルリンの運動は、市民のイニシアティブであり、政治的に見ると野党勢力に近いので、市当局の反応はネガティブである。いずれにしても、私営の電気事業者の環境対策が不十分な場合などには、市民の発議によって、市営にしてしまうことによって課題を解決しようという発想である。

日本でも、制度上は、有権者の50分の1の有効な署名が集まれば、条例の制定・改廃の直接請求ができる。地域の温暖化対策にしても電力会社の取り組み（電源構成など）に関してはアンタッチャブル、原子力の再稼働などから省エネ法の施行に至るまでエネルギー政策はすべて国の権限といった状況の中で、この直接請求権を活かし、地域のエネルギー政策の権限創設や自治体によるエネルギー事業の実施といった方法を追究すべきではないだろうか。

③ ベルリン：公営電気事業法案の住民投票

2013年6月28日、ベルリン都市州の選挙管理委員長は「ベルリンのエネルギー事業の再公営化」を目指す住民請求の有効署名数の最終結果を発表した。署名の締切日である6月11日現在の有権者総数は248万3,639人であり、住民請求が成立するには有権総者の7%、17万3,855人の署名数がなくてはならない。2013年2月から始まった署名活動で27万以上の署名がなされ、このうち有効な署名は22万7,748、有権者総数の9.2%あったことが明らかになった。これによって、同年9月22日のドイツの連邦議会選挙（総選挙）に併せて、ベルリンでは「ベルリンにおける民主的・エコロジー的・社会公正的エネルギー供給に関する法律案」が住民投票に付されることとなった。この法律案は、2015年1月1日から、ベルリンに公営の都市事業団を設置して長期的に再エネ100%にし、「エネルギー貧困」を回避し、そして民主的な運営をする。また、公営の配電会社を設置して、現在Vattenfall社が所有している配電網を買い取る。ちなみに配電網の価値はベルリン都市州当局による2011年9月8日の鑑定では3.7億ユーロ（約480億円）である。ドイツでは、連邦エネルギー事業法に基づき、自治体はエネルギー事業者との間で「営業権契約」を締結しており、ベルリンではVattenfall社との契約が2014年末までであったので、このタイミングを狙ったのである。

ベルリン都市州の制度では、住民請求は以下の3つの段階からなる。第一段階として、半年以内に2万の有効な署名を集めてベルリン選挙管理委員長に提出する。前述のように、「ベルリンのエネルギー事業の再公営化」の住民請求については、2012年の上半期に2万以上の署名を集めた。このとき、州当局は議会に対し、これは財政を圧迫する、競争政策上支障があるなどといったコメントを出した。そして、ベルリンの議会は、4か月以内に住民請求の内容を判断することとなる。住民請求が認められ、議会によって決定されたら、第二段階として、第三段階である住民投票の実施を成立するため、4か月以内に有権者総数の7%の有効な署名を集める。本件では、この第二段階として2013年2月から6月11日まで署名活動が行われ、冒頭のような結果となったのである。この住民請求も「ベルリン・エネルギー円卓会議」という政党ではないさまざまな地域活動団体の集まりが行ってきている。筆者は、円卓会議のメール配信のニュースレターを購読しているが、20万の署名を目標にして2012年の2月に始まった第二段階の署名活動は、5月にはその成立が大いに危ぶまれたが、最終盤の6月に入ってから一気に20万を超し、最後には27万にもなったのである。

そこで、第三段階として、9月22日の連邦議会選挙と同じ日にベルリンでは、この法案の住民投票がされることとなった。しかし、ベルリン都市州政府は、投票率の高い連邦議会選挙の日を避け、住民投票を11月3日に変更した。住民投票が有効になるには、投票者数が60万を超えなくてはならなかったが、11月3日には、わずか21,374票が不足し、投票は無効となった。投票総数の83%は法案に賛成であった。なお、同様の住民投票は、9月にドイツ第二の都市ハンブルグでも実施され、51%の賛成で成立している。

これまで述べたように、ドイツには約900の都市事業団があり、4大電力の傘下に入ったものもいくつかあるが、最近、そうした市の当局や議会のイニシアティブで、営業権契約の期限到来・更新の際に、公営に戻すケースが出てきている。CO_2削減や再エネ・コジェネの促進のためには、電気事業を外部の企業に任せるのではなく、市がみずからやるほうがいいという判断である。ベルリンでは、それを当局や議会ではなく、市民のイニシアティブで実現しようとしたのである。

ベルリン・エネルギー円卓会議が実現を目指した法案の概要を以下に示す。

まず、ベルリンにおける民主的・エコロジー的・社会公正的なエネルギー供給のため、法律に基づく事業体として、都市事業団と配電網会社を設立する。都市事業団は、ベルリンにおいて分散型の再エネを長期的に100%にしていく。配電網会社は、2015年1月1日からVattenfall社から配電網を引き継ぐ。

エコロジーの観点からは、都市事業団の発電と小売は、長期的に100%再エネとし、過渡期的措置として、天然ガスによる効率の高いコジェネを促進する。原子力と石炭火力による発電・小売は止める。また、エネルギー節約や分配型の再エネの促進に関する民間のイニシアティブを支援する。

社会公正的観点からの課題は、ベルリン市民がエネルギーを確保できるよう、また、「エネルギー貧困」がないようにすることである。「エネルギー貧困」とは手頃な価格で信頼性の高いエネルギーサービスにアクセスすることが困難なことを言う。特に、電力供給停止は回避しなくてはならない。また、社会に適合した建物のエネルギー改修や社会的弱者のための節約的な家庭用品の購入を促進する。配電網は引き継がれ、すべての料金契約、配電協定も引き継がれる。また、従業員の数は減らさない。

民主的運営の観点から、都市事業団と配電網会社の15人の管理委員会のメンバーは、都市州の経済局と環境局から各1人の計2人、都市事業団などから計7人の代表者が参加し、残りの6人は、市民から直接選ばれる。また、ベルリン都市州およびそれぞれの区は、少なくとも年に1回、都市事業団などの諸問題について議論する集会を開催する。さらに、顧客や従業員の関心事を把握するため、都市事業団などはオンブスマンを置く。

ベルリンの市民たちはこのような内容の法案を目指したが、はたして、日本の市民は電気事業者に対し、民主的・エコロジー的・社会公正的な観点を要求するだろうか？

④「電力・熱のほとんどはコジェネで──フランスからの原子力電力輸入は不要に」──イタリア・トリノ県──

イタリア北西部のピエモント州トリノ県では、コジェネによる地域熱供給システム（District Heating and Cooling：DHC）（以下、コジェネ／DHC）が発達している。トリノ県は人口220万人。中心都市はトリノ市であり、人口約90万人。トリノ都市圏の人口は122万人。トリノ市の西50kmから北100km、さらに北東へとアルプスの山並みがつづく。モンブランは奥まったところにありトリノ市からは見えないが、マッターホルンはよく見える。トリノ市の平均気温は、秋田市、長野市などと同程度であり、姉妹都市の名古屋市よりは低い。

このトリノ県も後述の「市長誓約（Covenant of Mayors）」の優等生のひとつである。

トリノ県には315の市があり、これまでに44の市が市長誓約に署名し、このうち33の市の「持続可能なエネルギー行動計画（Sustainable Energy Action Plan：SEAP）」(以下、SEAP)が承認されている。市の取り組みをコーディネートし、サポートしているのが、トリノ県の大気保全・エネルギー資源局である。また、同局は、トリノ県としてのエネルギー計画も策定している。

トリノ市を除けば、小さな市がほとんどであり、これまで、エネルギーやCO_2に関するデータもなかったところばかりだ。したがって、市長誓約が取り組みの第一歩と位置付けられ、市役所の建物、公立学校、街灯といった公的分野での、かつ、エネルギーの需要側での省エネの取り組みが中心となる。

一方、トリノ県のエネルギー計画の中心は、コジェネによる電力・熱の供給拡充である。これは、一次エネルギーの効率的利用を目指すものである。小さな市はそれぞれの市域の最終エネルギー消費の効率化を担い、広域的な県は県下全域の一次エネルギーの効率的利用を担うという分担は理想的な姿ではないだろうか。

トリノ県では1990年代から、一次エネルギーの効率的利用を図ることによって、大気汚染物質やCO_2の排出を削減するため、これまでの暖房・給湯のための建物ごとのボイラー利用に替えてコジェネ／DHCを拡充してきた。現在、コジェネからの熱はベースロードを担っており、ピークには個々の建物に設置されているボイラーからの熱が使われる。ただし、ボイラーからの熱の利用量は少なく、コジェネからの熱の10～20%程度である。

トリノ県下のコジェネプラントの容量は、合計で電気出力158万kW、熱出力209万kWあり、6,400万㎥の温水を供給している。2022年には、合計でそれぞれ164万kW、272万kW、8,800万㎥になると計画されている。2022年と現状の差は、新たなコジェネプラントを建設するのではなく、廃棄物で発電・熱供給することでまかなうことになっている。また、県内のコジェネ／DHCの総合エネルギー効率は70～85%である。県内のDHCの供給網（熱導管）は総延長450kmに及んでいる。なお、熱導管は、比較的最近に敷設されたので、既存の上下水道網、配電網などと一緒にできず、別のインフラを整備したという。

トリノ市が100%出資しているトリノ市南部にある欧州最大級のコジェネ／DHC施設（電気出力（78万kW（39万kW×2)、熱出力66万kW（33万kW×2))を見学した。1950年代に設置された火力発電所を1996年に天然ガスのコンバインドサイクル発電によるコジェネ／DHC施設に変更したものである。発電の効率は57～58%、コジェネとしての効率は87～90%。年間7,000時間稼働し、冬は時間当たり9万㎥、夏は同じく7,000㎥の温水を供給している。温水は120℃で供給し、需要先で熱交換し、60℃で戻ってくる。この施設では、熱に関しては個々の需要家に直接熱を小売し、電力に関しては送配電会社に販売している。

一方、県内の電力はというと、1990年代までは、隣のフランスからの輸入がかなりあったが、現在では、約7割が県内のコジェネからの電力、約2割が同じく県内の水力発電である。

コジェネによる電力・熱供給の推進に行政はどうかかわるかというと、まず、州や県が地域のエネルギー計画をつくり、その中に、コジェネの将来計画を盛り込む。事業者は、州または県からコジェネの設置許可を得る。事業者は、市との間で関連施設の道路占有などに関するライセンス契約を結ぶ。市は、熱のユーザーに対して熱供給の質を確保し、また、料金ルールを設定する。このように、州、県、市といった地域の行政機関が権限を持ち、地域のエネルギーに関することは地域で企画し、地域で決め、地域で実施しているのである。

米国、ドイツのような連邦国家以外でも、イタリア、スペインなどでは、原発の安全性、エネルギー安全保障といった戦略的事項以外のエネルギー政策は地域が担う。再エネ電力の固定価格買取制度も、元々国の政策ではなく、地域で独自に生まれ普及した仕組みを国（ドイツ）が制度化し、それが世界の国々に広まっただけである。

トリノ県では、エネルギー政策の分権化、県と市の分担・協力によってコジェネ／DHCが大幅に拡充された。これにより、電気・熱といった二次エネルギー

表８　欧米の主要都市の公営電力事業者など

	エネルギー行政権限	・エネルギー計画 ・市民参加	市（事業団）が電気事業者	市内でのコジェネ	電力自由化
ベルリン都市州（独350万人）	連邦、州、市（独自州法あり）	・州法に基づきエネルギー計画（SEAPも） ・「市民発議」（2013年）	事業団設置の「住民請求」	○ 市内の電力の42%はコジェネからの電力	○
ミュンヘン市（独138万人）	連邦、州、市		事業団（一貫）	○	○
アーヘン市（独26万人）	連邦、州、市		事業団（一貫）	○	○
チューリヒ市（スイス40万人）	連邦、州、市	「2000W社会」住民投票（2008年）	事業団（一貫）	○	○
トリノ県（イタリア220万人）	国、州、県、市	SEAP作成	事業団（電力は配電会社に売電、熱は直接販売）	○ 県内の電力の60%以上はコジェネからの電力	○
バルセロナ市（スペイン162万人）	国、州、県、市	SEAP作成	事業団（一貫）	○	○
ロサンゼルス市（米国379万人）	州、市		市直営（一貫）	×	△（カリフォルニア州：規制緩和停止中）
ボルダー市（米国9.7万人）	州、市	電気事業を市営化に（住民投票2011年）	今後市直営（一貫）	×	×（コロラド州：未実施）

注１：ドイツ、米国コロラド州等の市は、営業権契約／フランチャイズ契約の権限
注２：SEAP = Sustainable Energy Action Plan。189 ～ 191 ページで詳しく紹介
出典：筆者作成

の地産地消が相当程度実現し、その結果、一次エネルギーの効率的利用とCO_2排出量の大幅削減が達成されるようになった。

日本では、言うまでもなく、すべてのエネルギー政策は国のみが権限を持っている。電力の小売全面自由化、発送電分離等の電力システム改革の議論の中でも、エネルギー政策の地方分権化は論点にすら上がってこなかった。知事会は、固定価格買取制度に基づく経済産業大臣の再エネ設備の認定の権限を自治事務にせよと要望しているようであるが、それだけでは足らない。電気事業（特に、分散型電源による電気事業）の許可、熱供給事業の事業許可、あるいは省エネ法に基づく工場等や建築物に対する指導・命令などはすべて国の権限であるが、少なくとも、これらは都道府県、政令指定都市などに分権化すべきであろう。

2　ドイツ ――都市事業団（Stadtwerke）、協同組合――

①　ドイツの都市事業団

ドイツでは、1998年の電力市場の全面自由化後、送配電は連邦ネットワーク規制庁の監督の下に4つの送電専門事業者と約900の配電事業者（多くは都市事業団）が担い、電力取引所もできた。発電、小売の事業者はREW、E-onなどの4大電力と、約900の公営電気事業者（都市事業団）や約700のエネルギー協同組合が併存する。これらの地域独占もなくなった。

ドイツの基本法（憲法）第28条第2項には「自治体は、法律の規定の範囲内で、みずからの責任において、地域のすべての事柄を扱う権利を有することが保障されなければならない」とされている。そして、自治体は、廃棄物処理、下水処理、水道供給、エネルギー供給、交通、病院、学校、図書館、老人ホームなどのサービスを提供する。これらは、住民のための経済的、社会的、文化的なサービスであり、「生存のための予防的措置」（Daseinsvorsorge）と呼ばれる。この中に、エネルギー供給も含まれるのである。これらを担うのが都市事業団（Stadtwerke）である。

全面自由化後、大電力会社の占める割合は縮小傾向にあり、2030年には半分程度になるとの予想もある。その背景のひとつは、都市事業団の拡大である。自由化に伴い、一旦は、地域の都市事業団の4大電力への統合が進んだが、近年は、再公営化の傾向にある。特に、連邦エネルギー事業法の規定に基づき、エネルギー事業を行おうとする事業者は、自治体との間で「営業権契約」を結ばなくてはならないので、その更新の時期が再公営化の機会となる。2013年8月30日付けの『フランクフルターアルゲマイネ（FA）』紙によると、2011年だけでも全国で100以上の都市事業団が再び営業権契約を結んだ。また、2007年から新たに60の都市事業団が設立されており、大都市のシュトゥットガルトでも2013年になって新しい都市事業団が設立された。都市事業団は、2010年には全発電量の10%を占めたが、2012年には12.6%になった。先に述べたベルリン、ハンブルグのように、市民による再公営化の市民請求（直接請求）の署名集めが成功し、2013年秋に、提案された都市事業団設立条例案の住民投票が行われたところもある。

2つ目には、特に、90年代末以降の連邦政府のエネルギーシフト政策（脱原発、再エネ電力・コジェネ推進）を背景に、地域で、組合や有限会社といった形態で、発電や小売の事業が開始されるケースも多い。このうち、自治体の出資が51%を超えるものは、前述の都市事業団である。これらの背景としては、原発からの電力を利用しない、あるいは、カーボンニュートラルなエネルギーを調達・小売するといった観点だけでなく、地域経済・雇用の再生、自治体収入の確保、安い電力価格での地元への供給などといった観点もある。前出のFA紙は、再エネなどの分散型の小さな施設は収益性が高く、競争力があるとしている。

ドイツの都市事業団は、100年以上の歴史があり、すべての自治体にあるわけではないが、その数は全国で約900もある。電気・ガス・熱供給といったエネルギー事業のほか、廃棄物処理事業、水道事業、交通事業なども行われる場合もある。比較的最近設立された都市事業団を訪ねた。

まず、旧東ドイツのチューリンゲン州にあるルドルシュタット市と同市の都市事業団であるルドルシュタットエネルギー供給有限会社である。ルドルシュタット市は人口約2万4,000人。戦前から繊維、陶器産業が盛んで、旧東ドイツ時代には、化学繊維コンビナートがあった。統一後は、製紙、医薬品などの産業が立地してきた。かつては3万人いた人口は減少傾向にある。東西ドイツ統一後の1992年に都市事業団が設置され、その年に、エネルギー源が褐炭から天然ガスに切り替えられた。天燃ガスへの切り替えは、旧東ドイツの都市では最も早い都市のひとつであった。都市事業団には、市が51%出資し、残りは、多くの自治体の都市事業団に出資しているテューガ株式会社と地元州にあるチューリンゲン・エネルギー株式会社が出資している。1993年1月から地域熱供給、同年6月から電力・ガス供給が始まった。電力・ガス供給網は、コンビナートが所有していたものを都市事業団が買収し、2007年からは電力・ガス供給網部門は100%子会社化した。都市事業団は当初から連邦エネルギー事業法に基づき、市との間に20年間の電力・ガス事業の営業権契約を結び、2011年にはこれを20年間延長した。

都市事業団の毎年の利益は約200万ユーロ、市の出資比率51%分の100万～110万ユーロが市の歳入になる。ライヒル市長によれば、これは市の全歳入の4%強になるという。また、都市事業団は営業権契約に基づく営業権料として市に70万ユーロを支払う。これも市の歳入になる。都市事業団は連邦エネルギー事業法に基づき、州の経済省が許可する。都市事業団の取締役会は、会長が市長、市議会から2人、残りの2人はテューガ株式会社などからの計5人から構成される。

市内における発電電力量（2012年）は、総計9,582万kWhであり、内訳は天然ガスによるコジェネが7,760万kWh、バイオマスが1,266万kWh、水力406万kWh、太陽光150万kWhである。このうち、都市事業団が発電しているのは、水力2基、太陽光1基だけ。

都市事業団の電力小売量（2012年）は4,900万kWhであり、市内の需要家の約90%をカバーし、市外の需要家にも小売する。都市事業団の小売量のうち10%は都市事業団自身が発電し、90%は電力取引所から調達してくる。電力取引所から調達する場合、調達した電力の発電燃料などの種類はわからないようだ。

1990年代末からの電力市場の全面自由化に伴って、都市事業団といえども地域独占ではなくなったので市内の顧客は少し減り、また、連邦ネットワーク規制庁や送電会社との間の手続業務が増えたが、一方で、外部から調達する電気の価格は下がったという。

都市事業団が電力などを供給することによって、市内の需要家にとっては料金など相談しやすくなり、信頼できるようになる。市にとっては、都市事業団への出資比率に応じて利益の一部が配当金として市の歳入になり、また、市はエネルギー価格、低CO_2化などに影響力を持つことができる。

次は、ドイツ南西部のバーデンビュルテムブルク州のシュバルツバルト（黒い森）の中にあるトートナウ市の都市事業団である。この州では2011年の東京電力福島第一原発事故直後に州議会選があり、緑の党が第1党になり、ドイツで初めて緑の党の州首相が誕生している。

トートナウ市は人口約5,000人、市域の7割強が森林である。19世紀から繊維・刷毛産業、製材産業が発達し、1829年から水力発電が利用されている。

1988年にトートナウ市が52%、エネルギーサービス株式会社（ドイツ南西部で100年以上前から水力発電を行っている民間企業）とバーデノバ株式会社（近くのフライブルグ市などが出資するエネルギー会社）が各24%の出資割合で「オーバービーゼンタール・エネルギー供給有限会社（EOW）」が設立された。都市事業団である。従業員は11人。EOWは電力、天然ガス、水道、熱の供給事業を行っている。2012年の売上は535万ユーロ。EOWの利益の52%が市の歳入になる。ビースナー市長によると、その額は多い年には20万ユーロ程度になり、市の財政規模が150万～200万ユーロであるので、多い年には歳入全体の13%程度がEOWから入ることになる。

EOWは100%再エネ電力を小売しており、2012年には、中小水力からの7万4,000kWh、太陽光からの4,000kWh、バイオマス・コジェネからの1,000kWhの電力を小売している。市内の世帯の約半分の1,500世帯が顧客である。EOWは2013年にエネルギーサービス株式会社からトートナウ市内の配電網を引き継いでいるので、市内の顧客は、もっと増える。

このほかEOWは、770世帯の暖房・給湯用の2,500万kWhの天然ガス、700kWの木くず焚きボイラーとピーク用の1,400kWのガスボイラーによる2,700万kWhの熱、そして約30万㎥の水道水をそれぞれ供給している。

なお、ドイツ最大の都市事業団は、100年以上の歴史を有する「ミュンヘン都市事業団」である。100%市が出資し、電力、ガス、熱、水道、交通などの事業を行い、2013年には63億ユーロの売上があった。再エネ電力の顧客は全国で22万。2025年までには自前の再エネ電力施設を設置し、世界の100万人以上の都市で初めて市内の電力を100%再エネにする計画である。ミュンヘン都市事業団の再エネ施設は、ミュンヘン市内・周辺地域に水力13、風力1、太陽光19、バイオマス2、地熱1、ドイツ国内に風力（洋上）2、風力（陸上）14、ソーラーパーク2、外国に風力（洋上:英国）、風力（陸上:ベルギー、フランス、クロアチア、ポーランド）、太陽熱発電（スペイン）。再エネのほかに、3つのコジェネ、8つの熱供給施設（うちひとつは廃棄物焼却施設）、2つのブロックコジェネ、12の水力発電所を持ち、これらによって、市内のほとんどの電力需要を満たしている。このうち、コジェネは、市内に40億kWhの熱を供給し、4.5億リットルの石油に代替している。これにより、110万トンのCO_2が削減されているのである。

都市事業団は、再エネへのシフト、CO_2削減など市のエネルギー・気候政策の実働部隊なのである。

② 住民出資による電気事業

ドイツには、自治体が出資する都市事業団だけでなく、住民出資による電気事業もある。まず、住民出資の有限会社の事例である。

旧東ドイツのブランデンブルグ州のトロイエンブリーツェン市のフェルトハイム地区は、ベルリンの南西約70km。人口わずか130人。若者はベルリンに流出し、学校も、スーパーもないが、「エネルギー自給自足の地区」として有名だ。ドイツ内外から年間3,000人もの視察者が訪れる。

フェルトハイム地区では、エネルギー・クエレ有限会社（1997年に設立されたドイツでも大手の再エネ事業者）が90年代から風力発電を設置し、現在、43基、7万4,100kWの発電容量で、年間約1億4,000万kWhを発電し、また、2006年からは地元の農業組合と共同で家畜バイオガスによる発電（発電容量500kW、年間発電量約400万kWh）も行ってきている。さらに、2,500kWの太陽光発電（太陽追尾型）もある。地区内での総発電量の約20%はドイツの4大電力会社のひとつであるE.ONの子会社が8セント／kWhで買い上げ、約80%は電力取引所のスポットマーケットでブローカーに0.08セント／kWh払って取引に参加している。現在は量的には少ないが、グリッドオペレーターに0.05セント／kWh支払って需要家への直接販売を拡充していく方針だ。エネルギー・クエレ社が地区内で生産する年間発電量約1億4,000万kWhは、地区全体の年間電力需要100万kWhの140倍以上ある。

このように、フェルトハイム地区は、再エネ電力の一大生産拠点である。しかし、住民はフェルトハイム地区をカバーするE.ONの子会社の系統から、価格が高く、かつ、原子力や石炭火力からの電気を含む電力を買わなくてはならない。

表9　ドイツの都市事業団・組合などによる電気事業の事例

	ルドルシュタット市	トートナウ市	トロイエンブリーツェン市フェルトハイム地区	シェーナウ市
経営形態	ルドルシュタット有限会社（＝都市事業団）	上ビーゼンタール・エネルギー有限会社（＝都市事業団）	フェルトハイム・エネルギー有限会社（電力調達・小売、熱の供給）	シェーナウ電気事業協同組合
出資者	市51%	市52%	すべての世帯（3,000ユーロ／世帯）	市民100%
電力調達	約10%は都市事業団が発電（風力・太陽光）、残りは電力取引所から調達	・都市事業団が水力・太陽光・バイオマスコジェネで100%再エネ電力を発電 ・ガス、熱供給も	地元で風力発電する会社から調達	2～3割はみずから発電（太陽光・バイオマスコジェネ）、約7割はノルウェーの水力発電から調達
配電網	都市事業団が旧コンビナートから配電網を取得	都市事業団が地域のエネルギー会社から配電網を取得	地区内の配電網・熱導管網は有限会社がEU・州の補助金を得て整備	市内・周辺の配電網は組合が大電力会社から購入
顧客	市内の需要家の90%、市外の需要家	市内の需要家の約半分、市外の需要家	地区内のすべての需要家	市内の需要家のほぼ全部、国内に13.5万の顧客
出資に伴う自治体の収入	年間歳入の4%強	多い年には歳入の13%程度	—	—

出典：筆者作成

そこで、住民が出資する会社（フェルトハイム・エネルギー有限会社）を地元に設立して、フェルトハイム地区をカバーするE.ONの子会社の配電網とは別に、域内に独自の配電網と家畜バイオガス発電の排熱を供給する熱導管をつくり、すべての世帯とひとつの製造工場（太陽光パネルの架台の製造、従業員18人）に電気と熱を供給するようにした。独自の配電網・熱導管の設置には、州政府と欧州連合（EU）から、かなりの援助を受けたが、これによって、「エネルギー自給自足の地区」となっているのである。住民はフェルトハイム・エネルギー社に1世帯当たり3,000ユーロの出資をしている。

フェルトハイム・エネルギー社はエネルギー・クエレ社から電気を調達して、みずからの配電網で小売する。電気代は、E.ONの子会社から買うと28セント／kWhであるが、フェルトハイム・エネルギー社からのは17セント／kWhである。40%も安い。バイオガス発電排熱は、冬季には木材チップでバックアップするが、4万リットルのお湯を80℃で熱導管に供給し、家庭などをめぐって60～65℃になって戻ってきて、熱交換して循環する。

再エネ生産拠点であるフェルトハイム地区は、安価で、非原発で、カーボンニュートラルな100%地元の再エネで自給自足できるよう、既存配電網とは別に、地元独自の配電事業者を設置するという工夫がなされた例である。

次は、市民出資のエネルギー協同組合である。前出のドイツ南西部のトートナウ市の隣には、特に、福島第一原発事故後に日本でも有名になっているシェーナウ市がある。同じく、シュバルツバルト（黒い森）の中に位置する。ここでは、1986年4月のチェルノブイル直後に、市民たちが「原子力のない未来のための親の会」を設立。1991年にシェーナウ市内の配電網を大手電力会社から買い取ることを決定し、1994年に市民出資で再エネ電力だけを供給するシェーナウ電気事業協同組合（EWS eG）を設立した。このとき、市からの出資も検討されたが、市議会の意見が割れ、合意に至らなかったので、市民出資だけになった。組合員（出資者）は2012年には900人増え、2,700人になった。

EWS eGは経理、人事、不動産管理などを担当し、その傘下にEWS配電網有限会社（配電網の拡充・運用）、EWS販売有限会社（電力小売・調達）、EWSダイレクト有限会社（マーケティング、再エネ施設からの電力調達）、EWSエネルギー有限会社（再エネ施設の計画・設置・運転）を有する。総雇用者数は2006年には22人だったが、2012年には93人になった。売上は2012年には216万ユーロとなった。

顧客数は、最初はシェーナウの配電網内の1,700だったが、電力市場の全面自由化（1998年）を経て、現在では、ドイツ全土で約13.5万となっている。特に、福島第一原発事故の年の2011年から2012年にかけては13.5%も増えた。なお、全面自由化後においても、市内のほぼすべての需要家はEWS eGの顧客である。

電力の小売量を見ると、2012年には合計で6億7,800万kWhとなった。これは、すべて再エネ電力である。なお、2011年までは小売の0.8%程度はコジェネからの電力だったが、2012年からは、これは再エネではないということで止めた。

EWS eGは、新しくできる再エネ電力の電気事業者にも出資している。例えば、2012年に配電網を引き継いだシェーナウ市に近いチチゼー・ノイシュタット市の会社（市が50%、市民が10%出資）には40%出資した。2013年2月には州都シュトゥットガルトの新しい都市事業団には40%を出資するとともに、1,760のEWS eGの顧客をシュトゥットガルトの都市事業団に譲った。

また、EWS eGは、全国で約2,000か所の再エネ施設に対し、通常の固定価格買取制度の買取価格に上乗せして調達し、補助している。

EWS eGの再エネ電力は、20～30%はシェーナウおよびその周辺の自前の太陽光、木くず発電で発電し、残りは、何と、すべてノルウェーの水力発電から調達している。ドイツの都市事業団などは再エネ電力を安い外国の水力や風力から調達して販売するケースが多いが、ここもそうである。

なお、EWS eGの全国の顧客（家庭）の2012年における年平均電力消費量は2,417kWhであり、2011年より3%程度減った。ちなみに、ドイツの一般の家庭の年平均電力消費量は3,473kWhである。この差は、EWS eGが顧客に対して節電の方法に関しての豊富な情報提供を行っているからだという。

さて、日本では、仙台市はじめ30程度の市町村は都市ガス事業を行う。約30

の都道府県は水力発電事業を行うが、電力会社への卸電気事業である。戦前には民営・公営の発電、送電、配電の事業者が地域に関係なく次々と設立され、最盛期（1932年）には約850の電気事業者があった。かなりの事業者は東邦電力、大同電力などの5大電力会社の配下になったが、公営を含め多くの地域に根差した事業者が存在した。これらは、1938年に発電と送電が日本発送電株式会社に一本化され、また、1939年に配電は現在と同じ地域を事業範囲とする9つの配電会社に統合された。それまであった仙台市、静岡市、京都市、大阪市などの公営の電気事業者は9つの配電会社に統合された。戦後には、発電・送電・配電は、この9つに地域的に垂直統合され、現在の9電力になった。9配電会社に統合された戦前の公営電力は、現在でも電力会社の株主になっている。

なお、前述のように、ドイツには連邦エネルギー事業法に基づき、当該自治体域内でエネルギー事業を行う事業者は自治体との間で営業権契約を締結し、必要な営業権料を自治体に支払うが、戦前の日本にも、多くの都市には同種の制度（報償契約）があった。ガス・電気・鉄道事業など公共的で独占的な事業と市町村との間に締結された契約で、明治30年代に大阪市に始まり、全国に普及した。その内容は、事業者が市に報償金を支払い、市の監督に服し、買収に応ずるとともに、市は道路等の占用を認め、占用料等を課さないこと、当該企業の独占を保証することなどである。その後、道路法に基づく道路占用料などが整備され、また、上述のような発電・送電、配電の統合がなされたこともあり、報償契約は姿を消した。

日本でも、電力システム改革が進んでおり、2016年度からは小売の全面自由化となる。この機会に、自治体や住民のイニシアティブによって、ドイツの都市事業団のような、地域に電力の小売まで行う分散型のエネルギー事業をつくっていきたいものだ。

③ 電力市場の全面自由化・再エネ賦課金などに伴う電力料金の推移：ドイツの実績

ここで、ドイツにおける電力市場の全面自由化・固定価格買取制度後の電気料金の推移を見る。

日本では、電力システム改革に関連して、「ドイツの再エネの固定価格買取制度は失敗だった」、「全面自由化しても、ドイツの例では、電気料金は下がらない」などと、何かと引き合いに出されるのが、ドイツの電気料金である。最新のドイツの「連邦エネルギー・水事業連盟」の『電気料金分析』（2014年6月）から、ドイツにおける電気料金のコスト内訳の推移を見てみる。

図17は、標準家庭（3人、電力消費量は年間3,500kWh）におけるkWh当たりの料金とそのコスト内訳の全面自由化になった1998年からの推移である。

これを見て、大きく2つのことが言える。ひとつは、各種の税金や賦課金の額

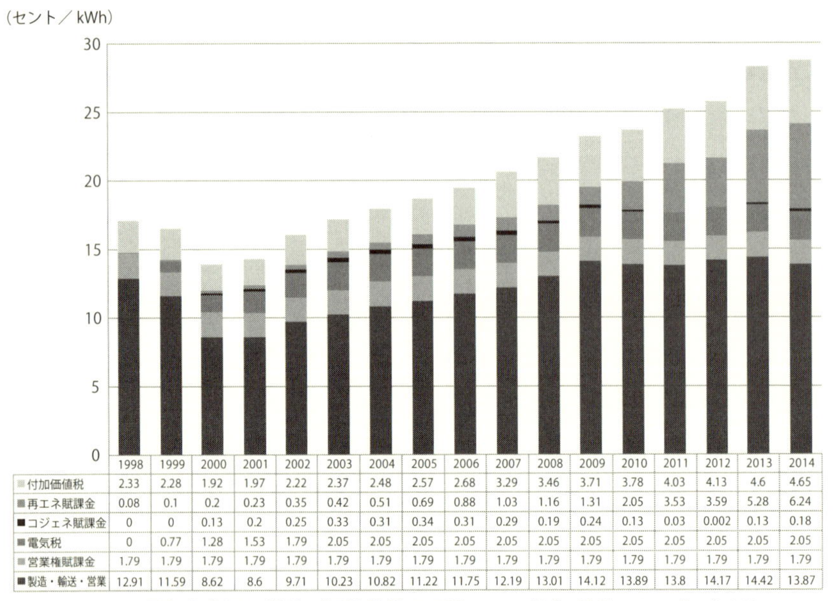

	1998	1999	2000	2001	2002	2003	2004	2005	2006	2007	2008	2009	2010	2011	2012	2013	2014
付加価値税	2.33	2.28	1.92	1.97	2.22	2.37	2.48	2.57	2.68	3.29	3.46	3.71	3.78	4.03	4.13	4.6	4.65
再エネ賦課金	0.08	0.1	0.2	0.23	0.35	0.42	0.51	0.69	0.88	1.03	1.16	1.31	2.05	3.53	3.59	5.28	6.24
コジェネ賦課金	0	0	0.13	0.2	0.25	0.33	0.31	0.34	0.31	0.29	0.19	0.24	0.13	0.03	0.002	0.13	0.18
電気税	0	0.77	1.28	1.53	1.79	2.05	2.05	2.05	2.05	2.05	2.05	2.05	2.05	2.05	2.05	2.05	2.05
営業権賦課金	1.79	1.79	1.79	1.79	1.79	1.79	1.79	1.79	1.79	1.79	1.79	1.79	1.79	1.79	1.79	1.79	1.79
製造・輸送・営業	12.91	11.59	8.62	8.6	9.71	10.23	10.82	11.22	11.75	12.19	13.01	14.12	13.89	13.8	14.17	14.42	13.87

図17　ドイツの電気代内訳の推移（標準世帯3,500kWh／年）単位：セント／kWh
出展：連邦エネルギー・水事業連盟『電力料金分析』（2014）から筆者作成

が増大し、これらの料金に占める割合が大きくなってきていることである。2つ目は、全面自由化後、2～3年は電力の製造・輸送・営業コストが3割程度下がったが、その後次第に上昇し、約10年後には元の水準に戻っていることである。税金などを加えた全体では、5年後には元の水準に戻り、その後は直線的に上昇している。

まず、各種の税金や賦課金の動向などを見る。

付加価値税は、1998年のkWh当たり2.33セントから、2014年の同じく4.65セントへと約2倍になっている。

次に、電気税であるが、ドイツの電気税は説明を要する。ドイツの電気税は1999年に導入され、従来からある石油税と併せて2003年まで毎年引き上げられ、同時に同額の年金保険料が毎年引き下げられることによってCO_2削減と雇用創出を実現する役割を果たしている。これが「環境税制改革」[2]である。2003年以降は、kWh当たり2.05セントが続いている。なお、日本では電気・ガス税（市町村税・普通税）が1950年に導入され、1974年に電気税（電気料金が課税標準、5%の一律税率）とガス税に分かれ、1989年の消費税導入に合わせて両税とも廃止された。

以上が税金であり、次に賦課金について見る。再エネ賦課金、コジェネ賦課金、営業権料賦課金のほか、微々たる額のオフショア（洋上）賦課金などがある。

再エネ賦課金は2000年に施行された再エネ法（EEG）に基づく固定価格買取制度において導入された。発電された再エネ電力は、再エネごとに法律で規定された買取価格で送配電事業者によって買い取られ、買い取った事業者は、買取額と回避可能費用（ドイツでは電力取引所での取引価格）との差額を電力需要家から徴収する再エネ賦課金によって補填される。

ドイツ連邦環境省は、2011年10月に、2011年上半期における総電力消費量

[2] 「エコロジー税制改革」とも言う。第2章第3節「3 日本版の『環境税制改革』の提案」（128ページ～）を参照

に占める再エネ電力の割合が17%から20%に上昇したと発表し、その際、ドイツの4大電力会社によると、2012年における再エネ賦課金の額は3.59セント／kWhであり、現在の3.53セント／kWhと比較しても大きな上昇ではなく安定化してきたので、「2020年に再エネ電力を35%にするという目標は現実味を帯びてきた」とレトゲン連邦環境大臣（当時）は楽観的なコメントをした。

そして、再エネ分野で37万人の雇用があり、その3分の2はEEGによって生まれ、2010年には、この分野に2,700万ユーロの投資があり、その90%はEEGによってもたらされ、さらに、再生エネによる発電によって25億ユーロの化石燃料輸入が減ったがその約80%はEEGに起因し、そして、2010年には1億1,800万トンのCO_2が削減されたといった実績も明らかにされた。

一方で、2010年末から2012年初めにかけて太陽光発電システムの設備価格は30%以上も下がった。これは、安価な中国製品の欧州市場席巻に起因する。2012年4月には、EEGの申し子とも言うべき太陽光発電メーカーで、世界最大のメーカーだったことがあるQ.Cellsまでもが会社更生法の申請を余儀なくされるに至った。再エネ賦課金の上昇を抑え、安定化させ、年間250万～350万kW程度の持続的な太陽光発電の拡大を図るためには、買取価格も設備価格などの動向に合わせる必要があり、また、国内の太陽光発電産業の競争力、雇用を損なわないためにも、過剰な補助の継続は避けなければならなくなった。

こうした背景から「太陽光エネルギーからの電力に関する法的枠組みの変更及び再エネ法の更なる変更に関する法律」が2012年3月末に制定、4月1日から施行された。太陽光発電の買取価格は20～25%引き下げられ、2017年からは新規設置される太陽光発電からの電力の買取措置は廃止する方針となった。政府としては、太陽光発電は2020年には設備容量5,200万kW、全発電電力量の8%とする計画とした。

しかし、2012年の再エネ賦課金は、3.59セント／kWh、月額で10.47ユーロ（1,500円程度）にもなり、ドイツ政府は、2012年秋、買取制度そのものの見直しに着手した。再エネ賦課金は、2013年には5.28セント／kWhとなり、付加価値税を上回って、電気料金のコスト内訳の中の最大項目である製造・輸送・営業の半額近くにまで上昇してきた。

1年半に及ぶ見直し作業の結果に基づき制定された新しい再エネ法（EEG-2014）は、2014年8月1日から施行された。その概要は、以下のとおりである。

まず、再エネは、計画的に進めていくという観点から、総発電電力量に占める再エネの割合は、2025年までには40～45%、2035年までには55～60%を目標とするとともに、再エネごとの年間の導入発電容量を以下のように設定した。

- 太陽光発電　年間約250万kW
- 陸上風力発電　年間約250万kW
- バイオマス発電　年間約10万kW
- 洋上風力発電　2020年までには年間650万kW、2030年までには年間1,500万kW

この年間導入量を超えて導入された場合には、自動的に買取価格が低くなる。洋上風力の場合には、導入量の上限が設定された。

次に、買上価格は、2014年には、平均で17セント／kWhであるが、2015年からの新規導入施設については、平均で12セント／kWhに引き下げられた。

また、再エネ賦課金については、企業の国際競争力を損なわないようにするため、一定要件を満たす電力多消費産業には、これまで以上の特別措置が講じられる。

以上が再エネ賦課金についての経緯などである。

次に、コジェネ賦課金である。ドイツでは再エネからの電力だけでなく、コジェネからの電力もコジェネ法に基づき送配電会社が買い取っている。2000年からコジェネ促進の法律があったが、これに替えて2002年から施行されているコジェネ法では電力量に応じて買取単価（例えば10万kWh以下では0.13セント／kWh）を設定し、2009年の改正法では、2020年までにドイツ全体の発電電力量の25%をコジェネからの電力でまかなうことにした。2020年までに再エネからの電力を35%にすることが目標であるので、これにコジェネからの電力25%を合わせ、分散型電源だけで60%をまかなうわけである。図17にあるように、コジェネ賦課金は、年によって異なり、再エネ賦課金のように右肩あがりではなく、ここ数年は以前よりも低めに推移している。なお、2009年からは「再生可能熱法」が施行され、新築の建物・住宅には再エネからの熱の一定割合の導入が義務化されたが、太陽熱、バイオマス熱などだけでなく、コジェネからの熱、工場排熱の利用も対象となっている。2020年には、こうした熱の利用を家庭・業務全体の熱需要の14%にまで高めることを目標としている。電気と熱を同時に供給するコジェネの拡充が低炭素化の鍵となっているのである。

そして、営業権料賦課金である。これも日本にはない制度である。前述のように、ドイツの連邦エネルギー事業法では、自治体はエネルギー事業者との間で営業権料の納付を前提として営業権契約（最長20年）を締結するとしている。営業権料課金は、この営業権料の納付のための賦課金であり、1.79セント／kWhである。

これらの税金や賦課金の多くは年々上昇しており、2014年では、本来の電力のコストである製造・輸送・営業のコストを上回るようになった。つまり、ドイツでは電気代の半分以上が税金や賦課金なのである。

なお、以上は、標準世帯の電気料金の動向であったが、産業について見ると、2014年では、製造・輸送・営業コストが7セント／kWh、再エネ賦課金が6.24セント／kWh、電気税が1.54セント／kWhなどであり、産業用には製造･輸送･営業コストが家庭向けより低くなっている。これは、産業用の電力は高圧であり、低圧の家庭用より輸送コストが安いことに起因する。電気税も家庭向けより少し低い。

さて、全面自由化後の電力料金の動向であるが、標準世帯で見ると、図17（178ページ）のように、製造･輸送･営業コストは自由化後2～3年は3割程度低下し、その後徐々に上昇し、10年目頃には元のレベルに戻った。料金全体は、5年後には元に戻り、その後は、前述の税金・賦課金の上昇により、一貫して上昇傾向にある。

日本でも2012年7月から再エネ電力の固定価格買取制度が導入され、また、

2016年4月からは電力の小売全面自由化が始まる。日本でも、ドイツのように、電力料金は自由化直後に大きく下がり、10年もすると元どおりに、さらに再エネ賦課金などで上昇していくのであろうか。

日本では、太陽光発電の買取価格は、当初から年々低く改訂されている。一方で、再エネ賦課金の単価は、制度開始の2012年度に0.22円／kWhであったのが、2014年度には0.75円／kWhに、2015年度には1.58円／kWh（標準世帯で月に632円）へと7倍にもなった。これは、10kW以上の太陽光発電の爆発的な伸びがあるからであって、今後は、これまでのような勢いはなくなると見られるので、ドイツの2014年のレベル（標準世帯で月に2,500円程度）まで上昇することは考えられない。また、ドイツでは、全面自由化と再エネ固定価格買取制度が1990年代末のほぼ同時期に開始されたことから、再エネ賦課金の上昇が原因で全面自由化後数年で電力料金が大きく上昇することになったが、日本では、固定価格買取制度が先行し、その4年後に全面自由化になるので、ドイツのようなことにはならないとみてよい。

したがって、日本では、全面自由化後の電気料金は、現在の定義でいう一般電気事業者（電力会社）と新電力事業者の製造・輸送・営業コストが競争によって低下する程度に応じて推移することになろう。前述のように、ドイツでは製造・輸送・営業コストは全面自由化後10年程度で元のレベルに戻った。

既に数百の新電力事業者が登録され、一部は以前から自由化されている50Kw以上の需要家への小売を進めている。家庭への小売自由化が始まると、既存の電力会社も新電力も価格競争に入る。特に、自治体や市民が出資するような再エネを中心としたローカルな「地産地消」の小売事業者にチャンスがあるのかが筆者の関心事である。

3　自治体の役割と国を超えた自治体連携

①「エネルギー自治」のための自治体の取組・役割

ここで、これまでのドイツを中心にした先進的な自治体の調査などを踏まえ、地域における温暖化対策、エネルギーシフトなどを含む「エネルギー自治」における自治体の取組・役割を整理しておく。

自治体の取組・役割は、次の8つに整理できる。

第1に、「計画」の策定主体である。

日本では、比較的大きな自治体（中核市以上）は温暖化対策推進法に基づき「実行計画」（区域政策編）を作成しているが、計画を推進する手段としては、キャンペーン、条例に基づく事業者へのCO_2削減計画書制度、太陽光発電などへの補助金の交付くらいしかないので、その実効性は怪しい。ドイツの多くの自治体では、ECの「市長誓約」[3]に参加し、「持続可能エネルギー行動計画」（SEAP）を作成し、市長誓約事務局のチェックを受け、実施している。また、多くの自治体には都市事業団があり、自治体の計画実施の実働部隊となっている。

第2に、住宅やまちづくりの主体である。

例えばフランクフルト市が国の断熱基準に上乗せしたパッシブソーラーハウスの普及を積極的に推進しているように、ドイツでは断熱基準などの独自の上乗せが一般的である。日本の都市では、ITを活用したスマートハウス、スマートシティなどが進められつつあるが、ドイツでは、これからのようである。また、名古屋市のように、都市計画の中で長期的に「駅そば生活」を実現し、低炭素な都市にしようとする戦略もあるが、交通量の低減が期待されるものの、エネルギーシステムの視点が抜け落ちている。

第3に、コジェネや再エネといった分散型エネルギーシステムの導入・拡充の主体である。

[3]　Covenant of Mayors、189～191ページで詳しく紹介する。

都市事業団を持っているドイツの自治体は、みずからコジェネや再エネの発電・小売の主体にもなっている。市民出資の協同組合で再エネ電力での発電・小売を行う場合も多くある。

第4に、排熱の供給の主体である。

コジェネ、廃棄物処理、生産プロセスなどからの排熱を住宅や工場に供給する取り組みである。多くは、都市事業団が実施主体になっている。日本には、コンビナート内での熱の融通を除き、ほとんど事例がない。

なお、第3の分散型エネルギーの拡充、第4の排熱の供給に関しては、日本の自治体は「エネルギー事業者」ではないことが大きな問題である。日本には、都市ガス事業を行っている自治体は30余りあり、水力で発電する県・市も30近くあるが、電力会社に卸売しているだけ。そこで、2016年には小売全面自由化、2020年には発送電分離と小売価格規制の撤廃が予定されているので、これに向

表10　日独の自治体によるエネルギーシフト戦略の取組整理

自治体の役割	例
1. 計画・協議会	■「実行計画（区域施策編）」（日） ■「持続可能なエネルギー行動計画」（SEAP）（欧）
2. 住宅・まちづくり	■パッシブハウス（独） ■スマートハウス（豊田市など） ■「駅そば生活圏」（名古屋市） ■街灯のLED化（独）
3. 分散型エネルギーシステムの推進主体	■都市事業団のコジェネによる電力・熱の生産・小売（独） ■都市事業団による再エネ電力・熱の生産・小売（独）
4. 排熱供給の主体	■都市事業団によるコジェネ熱・工場排熱・廃棄物処理熱・下水道熱等の供給（独） ■熱導管ネットワークの整備（独）
5. 施設の所有者	■上下水道 ■廃棄物処理施設
6. 低炭素交通システム	■公共交通機関と自転車・自動車の連携 ■電気自動車・燃料電池車等の公共調達、導入促進
7. 新技術の導入	■再エネ電力で水素、さらにメタンの合成（フランクフルト市） ■水素発電、水素ネットワーク（川崎市）
8. 自治体ネットワーク	■気候同盟（欧） ■「市長誓約」（欧） ■ドイツ再エネ・エージェンシー（独）

出典：名古屋大学大学院環境学研究科竹内研究室

けて、自治体は、みずからが、あるいはドイツのような都市事業団をつくって出資し、再エネ電力やコジェネ電力といった分散型電源による電気小売事業や各種排熱による熱供給事業を行うエネルギー供給者になることを検討すべきであろう。

第5に、「施設」の所有者である。自治体は、水道設備、下水道設備の所有者であり、また、熱源としての廃棄物処理施設、ごみ発電施設、あるいは一般廃棄物からバイオガスを生成する施設も自治体の所有であり、自治体がエネルギー供給者になるかどうかの検討にあたっては、事業性を高めるためにも、これら自治体の既存インフラを最大限活用することを前提にすべきであろう。

第6に、低炭素交通システムを整備する役割がある。

電気自動車、燃料電池自動車といった次世代自動車、また、公共輸送機関と自転車などの連携などである。

第7に、新技術の導入の取り組みである。

例えば、川崎市では、産油国での随伴ガスを活用した水素による発電、水素ネットワークの構想がある。また、フランクフルト市では、2050年には、エネルギー需要を半分にし、一方で、再エネ電力で水素を電気分解し、さらに、メタンなどを合成して自動車燃料などとして利用することによって、CO_2を95%削減するという構想がある。

第8に、温暖化やエネルギー構造改革に取り組む自治体のネットワークである。

ドイツ、欧州では、気候同盟（欧州1,700超の自治体）、EUの「市長誓約」（6,000超の市長が誓約）といった自治体ネットワークによる国境を超えた取り組みが盛んである。日本国内にも、環境、地球温暖化、エネルギーに関する自治体ネットワークはあり、情報交換などが進められているが、国際的な活動は少ない。

② 国を超えた「エネルギー自治」の自治体連携

今見たように、欧州には自治体の温暖化対策のネットワーク組織である気候同盟（Climate Alliance）がある。気候同盟は、早くも1989年に設立されている。

180の自治体で発足した気候同盟のメンバーは、2015年5月1日現在1,700を超えている。気候同盟の本部は10数人の独自の職員を擁し、ドイツのフランクフルト市の市役所内にオフィスを構え、代表は設立当初からドイツのミュンヘンの環境健康局長のロレンツ氏（緑の党の市会議員）が務めている。気候同盟の国別のメンバー自治体数を見ると、オーストリア（974）、ドイツ（483）、イタリア（146）の順に多い。オーストリアでは全自治体の約半数が気候同盟のメンバーになっている。北欧諸国、英国、フランス、オランダ、スペインなどの自治体の参加は少ない。このように、かなりドイツ語圏に偏ってはいるが、メンバー自治体の人口を合計すると5,000万人を超える。また、設立当初から、南米の熱帯林保護、生物多様性保全、先住民保護などの取り組みをもうひとつの活動の柱としてきている。

気候同盟は、主要な先進国が地球温暖化の取り組みを開始したときに設立された。東西冷戦が終焉を迎え、地球温暖化、熱帯林保護などが国際社会の新たな課題となったときである。2009年末のCOP15[4]が失敗したことからもわかるように、温暖化対策の「国際」的な進展は容易ではない。国と国との間には「国益」というものが介在するからであろう。欧州の自治体は、国、国際の温暖化対策が始まったときから、「自治体際」での協力が必要だとして集まったわけである。

気候同盟は、1990年代初めから、メンバー自治体が地球温暖化対策を進めるためのさまざまな共通の方法を開発し、普及してきた。当初は「10のステップ」というプログラムを展開した。自治体にとっての温暖化対策[5]は、何がCO_2排出をもたらすかを明らかにし、市民の意識を向上させ、将来の削減目標を設定し、それを達成するための計画をつくり、実施するなどといったステップが必要である。また、地域気候政策は、エネルギー、交通、廃棄物などの政策から構成されるが、それぞれの政策をCO_2などの排出が少ないものに転換していることが必

[4]　国連気候変動枠組条約第15回締約国会議。

[5]　これを「地域気候政策」という。

要となる。そのため、気候同盟は、それぞれの政策ごとの取組内容の段階を示し、自治体の実情に応じた取り組みのステップアップを図った。「Climate Star」プログラムである。

2007年からは、地域気候政策（削減目標・計画策定、エネルギー政策、交通政策、廃棄物政策）の取り組みの項目（27種類）ごとの段階（4段階）をベンチマーク化し、これを自治体みずからがチェックし、他の自治体と比較することによって、さらなる取り組みに結びつけることができる方法を開発してきた。これは、筆者の研究室と共同で開発したものである。これを日本とドイツと米国の多くの自治体に実施してもらい、また、主に姉妹都市との間の温暖化対策のパートナーシップ構築のため、2008年に名古屋大学とフランクフルトで日独の自治体のワークショップも行った。名古屋大学のワークショップには、日本の自治体が30程度、ドイツからはミュンヘン、フライブルグなどの自治体と気候同盟の本部、それに連邦環境庁の課長が参加した。ドイツでのワークショップなどに参加した自治体は、姉妹都市関係のある熊本市（ハイデルベルグ）、松山市（フライブルグ）、広島市（ハノーバー）のほか、横浜市、名古屋市、多治見市などであった。それぞれの姉妹都市などを訪問して、共通の施策を検討し、また、フランクフルト市、ボン市、ケルン市などを訪れ、施策の経験交流をした。

一般的に言えるのは、日本の地域気候政策が主に家庭・自動車運転などの省エネの普及啓発を主眼としているのに対し、ドイツの地域気候政策は、都市自身が電気事業、交通事業などを担当しているところが多いこともあって、コジェネ、トラム（路面電車）などの都市インフラの整備が中心的取り組みであるという差がある。

また、気候同盟は毎年開催される国連気候変動枠組条約締約国会議（COP）のサイドイベントを主催しており、筆者も2007年のCOP13（バリ）から気候同盟のサイドイベントに参加し、主に地域の気候政策についてのプレゼンをしてきている。また、2010年4月にイタリアのペルージャで開催された20周年の総会と2012年5月のスイスのザンクトガレンで開催された年次総会にもメンバーではないが出席した。2015年11月には、筆者の研究室と気候同盟が主催して、日独の自治体の「適応策」(気候変動による影響への対応策)に関するワークショップを東京で開催した。

一方、EU域内では、2008年から、EUの執行機関である欧州委員会(EC)によって「市長誓約」(Covenant of Mayors)が実施されてきている。これは、域内の市長がEUの2020年の削減目標であるマイナス20%を超えるCO_2削減を目指す旨の誓約に署名し、署名した市は2年以内に「持続可能なエネルギー行動計画」(Sustainable Energy Action Plan, SEAP)を作成し、ECの「市長誓約」事務局がこれをチェックし、受理する仕組みである。その後、市は、2年ごとにSEAPの取組状況をチェックし、4年ごとにCO_2排出量を含めたSEAPに関する報告書を作成し、ECの「市長誓約」事務局に提出する。この「市長誓約」の取り組みは、前述の気候同盟などの組織が支援している。

CO_2排出量の増減を左右するのは主にエネルギー政策であり、地域におけるCO_2排出量を削減するためには、「地域のエネルギー政策」がなくてはならない。日本など多くの国では、エネルギー政策は国の政策であり、地域にはエネルギー政策はない。今、「地域のエネルギー政策」の確立が不可欠なのである。

この「市長誓約」はEUのエネルギー閣僚理事会のイニシアティブによってつくられたものであり、SEAPは「地域のエネルギー政策」を企画・立案し、実施するための具体的な仕組みである。

2016年3月1日現在、EU域内の6,795の市長が署名している。署名した市の総人口は2億弱であり、EUの人口7.4億人の3割近くを占める。署名した市を国別に見ると、イタリアの市が約2,000、スペインの市が約1,000と両国の市が圧倒的に多い。

筆者は、スペインのバルセロナ県における「市長誓約」の取り組みを調査した。気候同盟から紹介された。

スペインにはカタルニア州など17の州、50の県、8,116の市がある。カタルニア州には、バルセロナ県など4つの県、947の市がある。バルセロナ県には、バルセロナ市など311の市がある。この311の市のうち、191の市が「市長誓約」に署名している。バルセロナ県は、EU域内で最も密度の高い署名率である。

なぜ署名率が高いかというと、バルセロナ県当局が、中小規模の市のSEAPの作成やエネルギー政策に携わる市の職員の能力開発を強力にサポートしているからである。なお、スペインの県は、日本の都道府県とは異なり、技術的・経済的な協力を通じて、市民福祉の向上に取り組む市の行政を強化する役割を担う中間的な地方組織である。ちなみに、バルセロナ県（人口530万人）は職員4,300人、予算規模は約600億円（2011年）と小さい。

さて、バルセロナ県下の市のSEAPの作成には、市、県、コンサルタントの3者が協力して行っている。コンサルタントは地域に密着したコンサルタントであり、県が事業を委託する。中小都市におけるエネルギー消費量、CO_2排出量の算定やその対策は、市役所、住宅、商業、交通の4部門であり、農業と工業は対象としていない。産業部門を除くことに違和感を覚えるが、例えばドイツの「100%再生可能エネルギー自治体」も対象は住宅・業務部門だけである。これまで、エネルギー政策やCO_2排出削減政策の経験のない中小都市にとっては、市役所などの4部門での取り組みがまず必要であり、大きな工場にはEUの排出量取引制度（EU-ETS）が適用されているので、削減対象から除かれているわけではない。

一方、欧州の中でも最も躍動的な大都市のひとつであるバルセロナ市のSEAPは本格的な地域エネルギー政策の計画である。まず、すべての部門を対象として、エネルギー消費量、CO_2排出量だけでなく、エネルギー消費に起因する大気汚染物質の排出量も合わせて算出している。また、最終エネルギー消費量とともに、一次エネルギー供給量も算定している。2008年には最終エネルギー消費量が1万7,002GWhであり、このために一次エネルギー供給量は3万784GWhも必要であった。一次エネルギー消費量は最終エネルギー供給量の1.81倍であった。そして、2008年の一次エネルギー供給量は1999年比で9.3%も増加した。こうしたことから、各需要部門における最終エネルギー消費の削減のためのエネルギー利用の効率化だけでなく、一次エネルギー供給量の削減のためのコジェネ

／DHC、産業用コジェネ、マイクロ・コジェネ、ホテルなどのコジェネ冷暖房などの大幅拡充計画もSEAPに明確に位置付けられている。もちろん、再エネの導入促進（バルセロナ市は「ソーラー・オブリゲーション」の発祥の地！）も重要な取り組みとなっている。

スペインでは、エネルギー政策の地方分権が進んでおり、例えば、発電所の設置許可は、原子力発電所については国の権限であるが、その他の発電所については規模に応じて州または市の権限である。

また、バルセロナ市では電気自動車の導入促進のため、◇市の調達関連業者にはフリートの40%以上は電気自動車を利用することが義務付け、◇民間・公共の駐車場の2%には充電システムの設置が義務付け、◇自動車税は電気自動車については25%減免、高速道路料金は電気自動車については50%程度減免、◇乗車人数制限がある道路区間でも電気自動車は通行できる、◇電気自動車かどうかのラベル制度の導入、といった措置が既に独自に採られているのである。

第2節　「充足」型のエネルギー自治 ──エネルギー地産「地消」──

1　「エネルギー自治」で低炭素都市づくり

①　名古屋2050年マイナス60%ロードマップ

筆者は、2007年に名古屋市を対象にして、2050年までに1990年比マイナス60%のCO_2削減ロードマップを作成した。同年7月のハイリゲンダム（ドイツ）でのG8サミットで、2050年までには世界のCO_2排出量を半減することが概ねの共通認識となり、200万都市名古屋で、それが可能かどうかを見極めたかったからである。この名古屋マイナス60%ロードマップでは、中部電力の浜岡原発（3, 4, 5号機）はゼロと仮定した【図18】。

名古屋の人口、エネルギー需要（BAU）は、2020年代をピークに減少し、

2050年には現状と同レベルになると仮定し、人口減少・高齢社会において、いかに生活の質を維持、向上させるか。そのために都市構造、交通体系などをどう変革していくか。その変革の過程で、結果として、CO_2排出量は大幅に下がる。こういう基本シナリオである。都市構造の変革の中心は「駅そば生活圏」づくりである。これは、名古屋市自身の構想であり、人口減少に対応し、市内の公共交通の結節点周辺に20か所程度のコンパクト・シティを形成するわけである。

まず、熱需要が集中することになる「駅そば生活圏」に、都市ガスを燃料とするコジェネを配置し、コジェネ排熱を地域に供給することを提案した。これには長期の時間を要するが、これによってCO_2は2050年には1990年排出量の約30%分が削減される。具体的に見ると、名古屋の郊外の碧南市には410万kWの石炭火力発電所（1991年から順次運転開始）があり、2030年頃には寿命が来るので、それまでに名古屋など中部電力管内の都市地域にコジェネを整備することによって、分散型（駅そば生活圏・工場等のコジェネ、中小水力・地熱・太陽光・風力等の

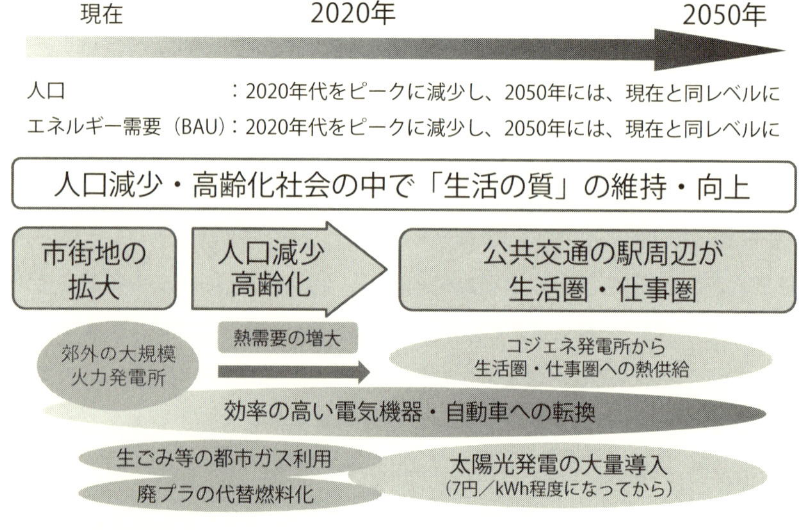

図18　「名古屋2050年マイナス60%」シナリオ
出典：筆者作成

再エネ）と大型の電源（LNGコンバインドサイクル発電）の組み合わせで中部電力管内の電力需要をまかない、また、コジェネ排熱、太陽熱・バイオマス熱などで名古屋市内の熱需要をまかなう。

碧南の石炭火力発電所は、次第に都市ガスを燃料とする分散型のコジェネに置き換わり、発電における石炭から都市ガスへの燃料転換によって、中部電力の電力排出係数（CO_2kg／kWh）は約40%下がり、これに伴い、名古屋市内では1990年のCO_2総排出量の約20%分が削減される。また、コジェネからの排熱の利用によって、これまで使われてきた灯油、都市ガスなどがいらなくなり、名古屋市内の暖房・給湯に要した灯油、都市ガスなどに起因するCO_2の削減に伴い、名古屋市内では1990年のCO_2総排出量の約10%分が削減される。このように、都市ガスを燃料とするコジェネの中長期的な整備によって、2050年には合わせて1990年のCO_2総排出量の約30%分が削減されることになるのである。

一方、公共交通の結節点に「駅そば生活圏」が形成されることにより、自動車交通が減り、1990年のCO_2総排出量の約4%分が削減される。

これら「駅そば生活圏」形成に伴うCO_2削減の方法は、前述の3つの戦略、すなわち、「効率戦略」、「代替戦略」、「充足戦略」のうち、3つめの「充足戦略」である。

「充足戦略」のほか、「効率戦略」としては、既に取り組みを開始している市民などによる電気製品・自動車のトップランナー製品への買い替えを継続して確実に推進することにより、2050年に1990年のCO_2総排出量の約20%分の削減を見込むことができる。

また、「代替戦略」として、マテリアルリサイクルされない廃棄プラスチック（廃棄物固形燃料（RPF））の石炭への代替、廃棄物系バイオマス（生ごみ、下水汚泥）からのバイオガスのコジェネ、工場等での都市ガスとの混焼、工場等における天然ガス・都市ガスの石炭・重質油への代替などによって、1990年のCO_2総排出量の約3%分を見込むことができる。また、2020年代には太陽光発電の発電コストが火力発電並みになることを踏まえ、住宅・ビル用、電気自動車充電用合わせて、

2050年には285万kWの太陽光発電を市内で行う（自家消費すると仮定）ことにより、同じく約6％分の削減となる。

3つの戦略による削減量を合計すると、名古屋市の1990年のCO_2総排出量（1,610万トン）の約60％分となる。

2007年の秋から2008年の春にかけて、このロードマップ試案を名古屋市（市長はじめ関係部局の幹部）、中部電力（社長・副社長はじめ幹部）、東邦ガス（関係部局の幹部）などに提案し、ロードマップ試案に関するそれぞれの評価を聴取した。電力会社は、「この案では、電源構成がLNGに大幅にシフトする。電力会社としては、将来の電源構成は石炭と原子力が半分ずつであるのがベスト」、「電力のCO_2排出係数も、全部LNGにした場合と、原子力・石炭が半々の場合と同じ値であり、LNGシフトだけがCO_2を削減する方法ではない」と反論した。都市ガス会社からの都市ガス燃料の供給を得て電力会社の系統電源として市内20か所程度の「駅そば生活圏」にコジェネによる地域熱供給については、都市ガス会社は歓迎の意を示した。この点については、電力会社は「熱は電気によるヒートポンプでまかなうことができる」との消極的意見があったものの、発電所の膨大な排熱の有効利用には基本的には異論はなかった。

名古屋市は、2009年11月に「低炭素都市2050なごや戦略」（2050年80％削減）を策定し、2011年には2020年を目標年次とする「低炭素都市なごや戦略実行計画」（2020年25％削減）を策定した。「戦略」や「実行計画」では、「駅そば生活圏」に住宅や業務施設が集約すると同時に、生活圏と生活圏の間の空間には、緑や水辺からなる「風水緑陰」を形成するとしている。「駅そば生活圏」や「風水緑陰」を推進していくと、低炭素なまちになるという考え方である。いわば、「成長型」のまちづくりから、「充足」型のまちづくりに転換していく中で低炭素を実現していくわけである。

しかし、それぞれの戦略の中では、「駅そば生活圏」の形成は目指されるものの、そこにおけるコジェネ／DHCの具体的な場所などは位置付けられていない。日本の自治体には、エネルギー政策上の権限はなく、「駅そば生活圏」にコジェネを配置する行政上の手段を持っていない（要綱で誘導はできそう）という背景がある。それでも80%削減や25%削減が達成できるとしているのは、当時の中部電力の電力のCO_2原単位の見込み（浜岡原発の6号機の増設のほか、大間原発などからの受電を前提としたもの）をそのまま採用しているからである。

さて、名古屋市の「実行計画」策定直後の2011年12月、筆者らはコペンハーゲンでのCOP15のサイドイベントで、この研究成果と「なごや戦略」をプレゼンした。このサイドイベントの主催者は、前出の気候同盟。気候同盟のサイドイベントには、60人程度の参加者があった。ドイツ連邦環境庁のファルスバート長官（現連邦環境建設省事務次官）がドイツの2020年マイナス40%のシナリオをプレゼンし、イタリア・ローマ地方の温暖化対策が紹介され、気候同盟が自治体気候政策の取組比較のプログラムを説明し、そして、「なごや戦略」である。

「人口減少・高齢化の中での生活の質の維持・向上→都市構造の改革→CO_2大幅削減」という考え方は、サイドイベント参加者にとっても、かなり新鮮だったようである。

「なごや戦略」や「なごや戦略実行計画」といった「計画」はできたが、その実施メカニズムはどこでも貧弱である。第1章でも触れたように、自治体の温暖化対策のほとんどは、市民による省エネ活動、住宅用太陽光発電などに期待した広報活動や補助金交付である。地域における本格的なエネルギー・温暖化対策事業、例えば「駅そば」へのコジェネの整備などは、CO_2排出削減だけでなく、地域経済・雇用にも大きく貢献するはずである。

② 経済・雇用効果が大きい「地域ベースのCO_2削減策」

そこで、温暖化対策の地域経済効果を分析してみた。

CO_2削減策には、太陽光発電、グリーン家電、低燃費・次世代自動車、原子力発電などの普及・拡充といった政府が進めてきている「全国ベース」の方策とともに、都市ガスによるコジェネ、廃棄物系バイオマスからのバイオガスのエネルギー利用システムなどの「地域ベース」の方策とがある。筆者は、愛知県を対象にして、「地域気候政策・経済分析モデル」を作成し、これを用いて「全国ベース」、「地域ベース」それぞれの削減策を中心にした愛知県版2030年マイナス40%のロードマップを作成するとともに、両ロードマップを実施した場合のそれぞれの経済・雇用効果を算定し、比較した。地域ベースの削減策の経済・雇用効果は、全国ベースの削減策のそれより大きいことがわかった。

まず、地域のマクロ経済モデル、産業連関モデルおよび地域エネルギーを作成し、これらを連結することによって、地域気候政策・経済分析モデルを作成した。過去の愛知県の各種経済・社会データから「Economate-Macro」によって回帰式を作成して2030年の値を予測し、また、日本全体のGDPの成長率予測などの外生変数を入れ、2030年の経済の姿を予測した。また、「EconomateI-0」を用いて、愛知県が作成している2005年の産業連関表を12部門（都道府県別エネルギー消費統計のエネルギー最終需要の部門）に統合し、RAS法に基づき2030年の投入係数やコンバータ・輸入係数・逆行列を推計し、それらの係数とマクロ経済モデルで予測された最終需要項目を用いて、2030年の予測産業連関表を作成した。「2030年エネルギーバランス表（BAUケース）」の最終エネルギー需要部門のバランスは、製造業については、産業連関モデルから予測される部門ごとの2030年の生産額に製造業の生産額当たりのエネルギー消費原単位の改善率を乗じて算出した。製造業以外の部門・業種については、マクロ経済モデルで予測され、または外挿した経済・社会指標を説明変数として算出した。エネルギー転換部門は、CO_2の排出をもたらす分野である事業用発電、産業用自家発電・蒸気、所内消費を扱った。

全国ベースの削減策を中心としたロードマップは、基本的には、中央環境審議会の2020年マイナス25%削減のロードマップ案に盛り込まれている削減策およびその量を2030年にまで延ばしたものであり、筆者が作成した2030年エネルギーバランス表（削減策導入ケース）を用いて愛知県でマイナス40%になるよう削減策を組み合わせた**【図19】**。

地域ベースの削減策を中心としたロードマップは、同バランス表を用いてマイ

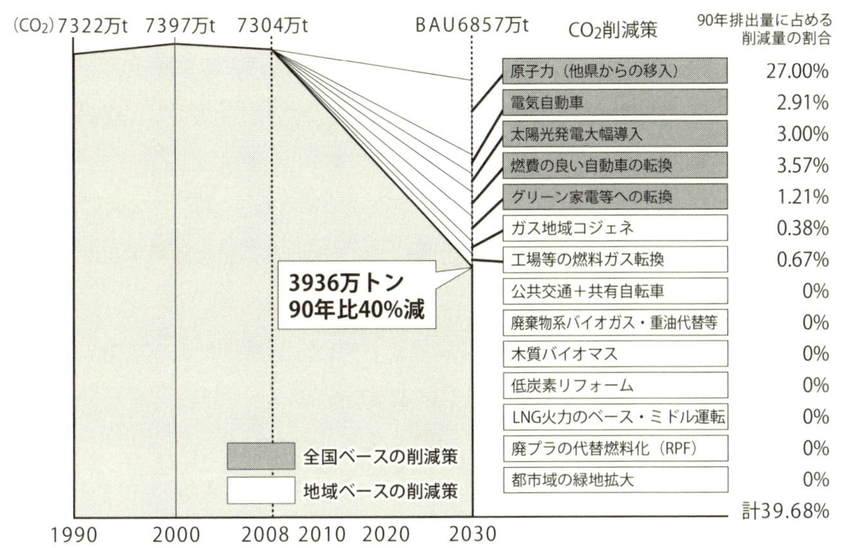

図 19　全国ベースの削減策中心のロードマップ（愛知県）
出典：筆者作成

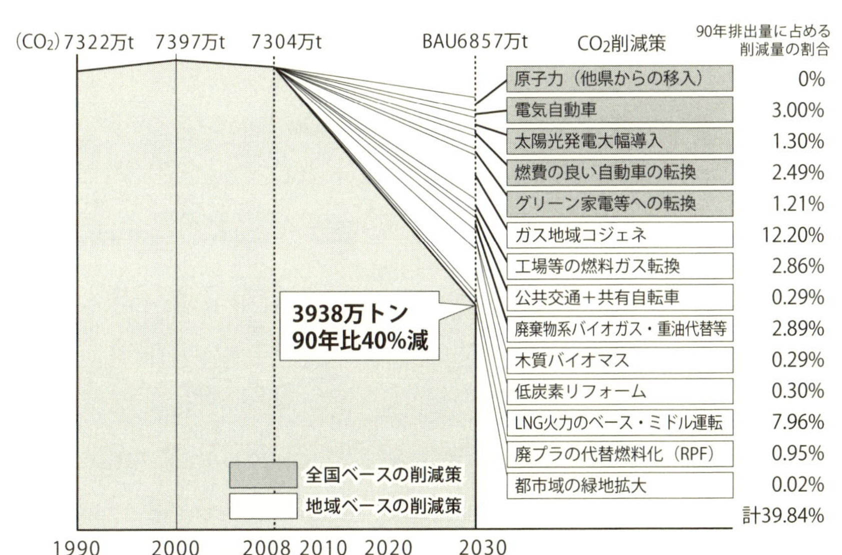

図 20　地域ベースの削減策中心のロードマップ（愛知県）
出典：筆者作成

ナス40%になるように以下の削減策を組み合わせた【図20】。

- 都市ガス地域コジェネ：熱需要の高い都市地域における都市ガスを燃料にするコジェネであり、排熱を地域熱供給する。熱需要に応じた運転を行い、電力は系統連系。
- 工場の燃料転換：工場等における石炭・重油から都市ガス・LNGへの燃料転換は、近年大きく進展しており、既に省エネの進んだ工場などにとって有力なCO_2削減策。
- 共有自転車：公共輸送機関の端末交通を担い、自動車による通勤・買物などに代替する。名古屋では数次にわたる「名チャリ」社会実験が行われてきた。
- バイオマスメタン：廃棄物系バイオマス（生ごみ、下水・浄化槽汚泥、畜産糞尿等）からのバイオガスを工場などで重油・都市ガスの代替燃料として利用する。また、バイオガスを純度の高いメタンに精製した場合には、都市ガス事業者が買い上げ、都市ガスとして利用する。
- 木質バイオマス：林地残材・剪定枝などを薪ストーブなどで利用する。里

表11　全国ベース削減策と地域ベース削減策の経済効果比較（愛知県）

	全国ベースの削減策を中心にした場合	地域ベースの削減策を中心にした場合
主な削減策	■低燃費車・グリーン家電への買替促進 ■太陽光発電の大幅拡大 ■電気自動車普及 ■原子力発電（県外からの移入の拡大）	■ガス地域CHP ■廃棄物系バイオマスのエネルギー利用 ■低炭素リフォーム ■LNG火力のベースミドル運転 ■工場等の燃料転換
消費・投資額等の増加額（総計）	2,804億円	7,219億円
2030年の県内総生産（実質）（マクロ経済モデル）	51.31兆円（2005年：38.72兆円）	58.39兆円（2005年：38.72兆円）
2030年の雇用者数（マクロ経済モデル）	390万人（2005年：381万人）	399万人（2005年：381万人）
2030年の雇用者増（産業連関モデル）	2.2万人増加	7.6万人増加

出典：筆者作成

山整備の残材をエネルギー利用する必要がある。

- CO_2リフォーム：それぞれの目的でリフォームする際に、断熱、省エネ・節水型の住宅設備にすることによって、光熱水費が下がり、CO_2も削減される。
- 発電の燃料転換：シェールガスなど新しい形態での天然ガスの埋蔵量が大きいこと、「福島」以降、原子力の新増設・古い炉の運転が極めて困難になること、石炭の価格優位が薄れることなどにより、これまでミドル・ピークを受け持ってきたLNG火力は、ベースロードも受け持つことにならざるを得ない。
- RPF（廃棄物固型燃料）：生ごみは焼却せずに、バイオガスを生成するので、これまで生ごみを焼却するための助燃剤として焼却していた廃プラを石炭に代替する燃料とすることができる。RPFのCO_2排出係数は、石炭の3分の2程度。
- 都市域緑化：都市域の緑地面積の増大は、気温上昇を防ぎ、冷房負荷・発電電力量の減少をもたらす。愛知県では、1,000ha当たり274TJの発電電力量の減少。

以上の全国ベースと地域ベースの2つのロードマップについて、削減策の導入量に応じた設備投資額等を支出項目（7項目）・部門（12部門）ごとに算定し、これをマクロ経済モデル、予測産業連関表に外挿し、経済効果・雇用創出効果等を予測・比較した。

その結果、マクロ経済モデル、予測産業連関表のいずれの予測でも、地域ベースの削減策は、全国ベースの削減策に比べ、2030年の県内総生産で約9兆円、2030年の雇用者数で6万～9万人多いことがわかった【表11】。

③「廃棄物と排熱」が盲点

しかし、現実の自治体の温暖化対策は、家庭などにおける省エネ行動の促進や太陽光発電・低燃費車・高効率給湯器などといった単体の機器・装置の導入促進が中心であり、国主導で進められている全国ベースの削減策に若干上積みするものばかりである。地域資源に着目した独自の本質的な地域ベースの削減策はほとんど見当たらない。地域資源とは、廃棄物と排熱である。

まず、廃棄物を見る。

生ごみ・下水汚泥・浄化槽汚泥・畜産糞尿などの廃棄物系バイオマスからのバイオガスが都市ガス・重油に代替するもの、廃プラ（マテリアルリサイクルされるもの以外）を石炭に代替する固形燃料にするもの（廃プラのCO_2排出係数は石炭の3分の2程度）が挙げられる。これら2つの削減策により、東海3県で1990年排出量の6%程度を削減することができると試算される。

廃棄物系バイオマスからバイオガスを生成する技術は概ね確立されているが、バイオガスを化石燃料に替わる燃料として利用している事例は、日本では多くない。また、バイオガス回収は、そのほとんどが下水汚泥処理や生ごみ処理の一環として、個別に、主に所内での電力をまかなうために導入されてきた。この国において、バイオガスの利用が進んでいない背景には、①廃棄物系バイオマス、特に、家庭からの生ごみの分別収集・運搬の方法が一般的に確立されておらず、また収集・運搬に関する制度が複雑かつ制限的であること、②各種廃棄物系バイオマスの処理等を扱う法制度・行政組織・交付金制度などがそれぞれ縦割的であること、③生ごみ、下水汚泥などの処理は焼却処理が主流であり、また、焼却施設は20年程度ごとに更新されてきており、その間にバイオガスの施設を設けることにはならないこと、などがその制約要因となっているものと考えられる。

ごみの広域処理や、焼却施設の更新が計画される場合に、その地域全体の生ごみ・紙ごみ、下水汚泥、浄化槽汚泥、畜産糞尿などの廃棄物系バイオマスからバイオガスを生成し、また、発酵残渣は燃料化し、さらに、生ごみ焼却のための助燃剤として焼却していた廃プラをRPF化し、これらを、工場などで化石燃料に替えて利用する必要がある。これらは、パッケージで導入する必要がある。

そのためには、工場の工業炉・ボイラーなどにおけるバイオガスの利用技術、生ごみの分別収集システムなどの確立を図り、併せて、前述のような制約要因を克服する方策を明らかにしておく必要がある。

広域ごみ処理が計画されている愛知県の知多南部地域（半田市・常滑市・武豊町・美浜町・南知多町、人口26万人）には、豊富で多様な廃棄物系バイオマスが賦存し、かつ、化石燃料を多く消費する工場も多い。ここの広域環境組合の焼却炉の方式選定委員会は、廃棄物系バイオマスの焼却を主体とした処理方法から、エネルギー利用への転換を目指し、炉の方式の選定と併せて、「知多南部地域の生ごみ、下水道汚泥、家畜糞尿等の廃棄物系バイオマスの有効活用については、県、市、町などの関係機関が連携して取り組むための協議の場を設け、継続して検討していくこと」を答申している。

そこで、筆者らは、この地域において、①社会実験を通じた家庭からの生ごみなどの効率的な分別収集・運搬の方法の確立、必要な制度改革のあり方の検討、②バイオガス生成プラントの立地場所（工場団地等、下水終末処理場、LNG基地・都市ガス工場）の制度的・技術的課題の検証、③バイオガスの工場等における利用技術の検証、④「発酵残渣燃料」の製造・利用技術の開発、⑤廃プラ（特に、一般廃棄物）の石炭代替燃料としての利用の制度的課題の検証、などを行い、これらを同時に克服し、ごみの広域処理・焼却施設の更新時にパッケージで導入することにより、知多南部地域におけるCO_2排出量削減にも貢献し、また、そのための制度改革などに関し提言することを目指し、国に対して研究費・調査費を申請した。しかし、この申請は採択されず、紆余曲折を経て、結局、知多南部地域では、従来型で広域的・大規模なごみ焼却施設が建設されることになった。本来、焼却炉の更新間際になって検討するのではなく、15年後、20年後を見越して準備していかなくてはならないのである。

もうひとつは、排熱である。いまだ、日本では、エネルギーというと電力、ガス、石油などのことを示し、「熱」のことは意識されない。

欧州でも似たような状況であるが、オールボー大学（デンマーク）、ハルムスタット大学（スウェーデン）、エコフィズ（ドイツ）などは、2013年3月「ヒート・ロードマップ・ヨーロッパ2050」（HRE：Heat Roadmap Europe）を作成し、6月には「市民向けサマリー」を出している**【表12】【表13】**。

ECは、2009年にEUにおいて2050年に少なくとも1990年比マイナス80%になるような低炭素なエネルギーシステムをコミットし、また、2011年には「エネルギー・ロードマップ2050」を公表している。しかし、これは、既存のエネルギー・モデルによる低炭素なエネルギー供給に関する一般的な方法によって策定されたものであって、域内の個々の都市や地域における可能性や限界について十分な検証がなされたわけではない。特に、2020年には欧州の市民の75%は都市に住み、2050年には84%になるのであり、都市における「熱」の解決策が不可欠である。

表12　ノルトライン・ウエストファーレン州（ドイツ）の主要都市の「超過熱率」

都市名	人口（万人）	面積（㎢）	人口密度（N／㎢）	熱需要（PJ）	排熱等（PJ）	超過熱率 排熱等／熱需要
デュッセルドルフ	58	127	2,697	18.8	10.5	0.5
デュイスブルグ	43	233	2,118	15.9	107.3	6.8
ケルン	100	405	2,460	31.2	37.9	1.2
ハム	18	225	805	5.9	24.7	4.2
ブッパータール	35	168	2,091	11.4	7.4	0.7
ノイス	44	576	769	14.2	203.9	14.3

出典：「ヒート・ロードマップ・ヨーロッパ2050」をもとに作成

表13　EU27か国における住宅・業務施設用地域冷暖房熱供給量予測（PJ／年）

主な熱源	ポテンシャル（マッピングにより算出）	2010年	2030年エネルギーモデルで予測	2050年エネルギーモデルで予測
コジェネ排熱	7,075	1,120	2,410	1,540
廃棄物焼却排熱	500	50	330	585
産業プロセス排熱	2,710	25	205	385
バイオマス熱	-	250	325	810
地中熱	430	7	190	370
太陽熱	1,260	0	180	355
吸収式ヒートポンプ	-	0	1,290	1,875
合計	11,975	1,460	4,930	5,920

出典：「ヒート・ロードマップ・ヨーロッパ2050」をもとに作成

これらが、HRE作成の背景であるとしている。

HREの中核は、家庭・業務部門向けの地域熱供給であり、その熱源は、まず、コジェネ、廃棄物焼却そして産業プロセスからの排熱であり、次に、バイオマス熱、太陽熱、地中熱などの再生可能熱である。

HREの特徴として、以下の3点が挙げられている。まず、「安上がりで、快適」である。欧州の政府にとってはエネルギー価格の上昇と「エネルギー貧困」が主な関心事であり、HREでは生活の質や健康を損なうことなく野心的な目標を達成することができる。建物における冷暖房コストを15～20%削減することができる。EUエネルギーロードマップにおけるエネルギー効率シナリオでは、建物の最終熱需要の削減について過剰な見積もりがなされており、極端に高コストなものになっている。地域熱供給は個々のヒートポンプシステムよりも安価である。これは、集中型より個々の方式のほうが非常に多くの投資が必要となるからであり、また、ヒートポンプに電気を供給するためには住宅向けの発電施設への大きな投資が必要となるからである。これらから、HREはEUのエネルギー・ロードマップよりも1,000～1,460億ユーロ安い。次に、「脱温暖化の加速化」である。コジェネ、廃棄物焼却そして産業プロセスからの排熱、また、バイオマス熱、太陽熱、地中熱などの活用であるので、脱温暖化を加速させる。第3に「よりよいエネルギー」である。HREは熱の供給の安定性を改善し、福祉・雇用を創出する。柔軟性を確保し、ロックイン効果を回避するという意味で「後悔しない技術」を用いる。

地域熱供給の現状を見る。北欧やバルト地域では地域熱供給は熱市場の40～60%を占めるが、欧州全体では家庭・業務部門の熱市場の13%、産業の9%にすぎない。熱源のうち、火力発電所排熱の約17%は地域熱供給または産業で直接利用され、バイオマスの1%、産業プロセス排熱の3%、地中熱の0.001%が、それぞれ地域熱供給の熱源として利用されている。

さて、HREでは、EU27か国全域にわたって「地理情報システム（Geographic Information System:GIS）」によって1kmメッシュで家庭・業務部門における熱需要量とコジェネ排熱などの熱源量を示し（マッピング）、また、2030年、2050年の需要量、熱源量をエネルギー・モデル（EnergyPLAN）を用いて予測（モデリング）している。

表12は、HREに出てくるドイツのノルトライン・ウエストファーレン州の主要都市におけるGISによるマッピングによって示された家庭・業務部門の熱需要（PJ）、コジェネなどの排熱など（PJ）、「超過熱率」（排熱等／熱需要）である。超過熱率が1を超える都市も多い。これらの都市には、工場が集積しているので、産業プロセス排熱が大きいからであろう。

表13は、同じく、HREに出てくるEU27か国における家庭・業務部門への地域熱供給の予測である。GISによるマッピングで示された家庭・業務部門への熱供給のポテンシャルを見ると、EU27か国で火力発電（コジェネ）施設からの排熱は7,075PJ、廃棄物焼却施設からの排熱は500PJ、エネルギー集約産業プロセスからの排熱は2,710PJであり、これらの合計は11,975PJである。一方、EU27か国の家庭・業務部門の総熱需要量は11,449PJであるので、27か国の平均では超過熱率が0.96、すなわち、熱需要の96%は排熱などでまかなうことが可能なのである。国別に超過熱率を見ると、チェコ、イタリア、ポーランドなどは1を超え、英国、ドイツは概ね0.9である。熱導管網は現在、欧州全体で20万kmとなっている。まだまだ不十分ではあるが、熱導管網があることは排熱などの利用の促進の前提条件となる。

日本では、2013年度から、やっとコジェネへの政策的支援（補助金）が始まった。コジェネ排熱に限らず、HREにあるような排熱などの熱源を最大限活用する「熱」政策を展開していく必要がある。

「熱」政策は、国では目が届かない。地域での政策展開が不可欠である。そのためにも、地域ごとに「超過熱率」を把握し、また、将来を予測しておくことが必要となる。これは「充足」型のエネルギーシステムにとっての重要な要素である。

④ 地域のエネルギーは地域で決める！──「中部エネルギー市民会議」──

さて、この国でも、東京電力福島第一原発事故以降、地域のエネルギーの自立や自治への関心が高まった。

以下は、2012年3月初旬から活動を開始している「中部エネルギー市民会議（中エネ会議）」の趣意書である。

3.11東日本大震災、福島原発事故を契機に、この地域では浜岡原発が停止状態となっています。浜岡原発をどうするのか？ この地域のエネルギー問題は？ 誰がどのように決定を下すのか、先がまったく見えてきません。現在の我が国の政治状態では、今回のような不測の事態に対応できません。エネルギーは地域によって必要不可欠なものです。浜岡原発の今後とこの地域のエネルギーの持続可能性に対しての方向づけを誰かが決定していかねばなりません。しかしながら、これまで我が国のエネルギー政策は、形の上では国民の意向を反映する仕組みがあるものの、国民は、エネルギー政策の策定に対し、積極的には参画・関与してきませんでした。このため、実態として国が主導的にエネルギー政策を決定していました。今後は、地域の一人ひとりの話し合いを通して、その地域の声が国に届くこと（中部だけが良ければということではなく、国全体のことを考えつつ）が必要です。とは言え、話し合いを困難にしているものが存在しています。ひとつは原発事故によって広がった放射能に対する不安から来るエネルギー政策への多種多様な考え方の存在です。もうひとつ気になることは、電力を享受してきた側の意識です。利用者である多くの市民は、被害者としてふるまっていないかという点です。この地域の未来に責任を負わず、人任せにしてきてしまった。その意味において我々は「加害者」でもあります。加害者としての当事者意識があれば、無関心、無責任とならないはずです。さらに困難なことは、原発の安全管理に対し、人々は電力会社はもとより、国、さらには原子力村に関わる専門家にも不信の目を向け始めています。そして、多くのマスメディアの報道に対しても、人々はどの情報を信頼してよいのか困惑している点です。今必要なことは、この地域の人々が信頼できる議論の場を設け、地域が考える今後のエネルギーのあり方については幅広い議論を行うことが重要です。そしてこの場で、原子力発電を含む、すべてのエネルギー源の持つリスクと便益を客観的な情報をもとに議論を重ね、地域の信頼とつながりをもとに、一人ひとりがこの地域の将来を決定するのだという自覚を持って、みずから判断できる状況をつくらねばなりません。国に頼らず、地域に暮らす私たちが、地域のためにこの場を形成し、予断を持たずに公正に運営する『中部エネルギー市民会議』という場をつくり上げます。3.11をムダにしないために。

趣意書でも明らかなように、地域のエネルギーは、原発の再稼働を含め、国でなく、地域で決める必要があり、一人ひとりがその決定にかかわっていこうというのが、この会議の目的である。

福島第一原発事故直後の2011年4月に、30年以上前から名古屋を中心にリサイクル活動などを進めてきている老舗NGOの代表が、福島第一原発事故に強いショックを受けた旧知の中部電力OBと、さまざまな人たちが立場を超えてエネルギー問題を話し合う場づくりをしようと意気投合したのが中エネ会議立ち上げのきっかけ。幅広い人たちが参加する会議にするため、まず、発起人を集めた。発起人には、電力会社OBもいれば市民団体代表もいる、原子力工学が専門の大学教授もいれば、脱原発シナリオを提案する大学教授もいる、前名古屋市長、前愛知県副知事や大メーカーの元役員、新聞社の論説委員といったエライさんもいれば、高校生、大学生や子育て中の主婦もいる。高校生、大学生は「将来世代」の代表でもある。極めて多様性に富んだ21人が発起人となった。そして、発起人たちが共有した認識が、冒頭の趣意書であり、「国に頼らず」、「一人ひとりがこの地域の将来を決定する」が最大のポイント。中エネ会議は、2年かけて、このためのアクションプランをつくっていく予定で、その間、国が方針を示しそうなときには、その都度、コメントを出していくこととした。

中エネ会議は、「官製」の場ではなく、また、国の審議会などの委員をしているような著名な有識者による合議体の委員会でもない。電力会社の職員を含め、できるだけ多くの立場の異なる人々が徹底的な議論を重ね、中部地域のエネルギー需給のあり方は、中部地域で決めていくことにある。「エネルギー自治」である。1回目の会合には、200人を超す人々が参加し、福島の事故原因について質疑を行った。原子力工学の学者は「日本で、もし、引きつづき原子力を利用するのであれば、もはや国が直接運転管理すべきである」と述懐した。若者が「将来世代にとって、原子力はいらない」と発言すると、「原子力を利用しなくなると、経済が疲弊し、将来、君たちの働く場がなくなるかもしれないぞ。そこまで考えろ」といった脅しめいた反応もあった。2回目の会合では、中部電力管内においては、原発がなくても、夏のピークにも支障はなく、中期的（2030年）にも発電電力量は大丈夫、2030年の総発電コストも原子力が3基ある場合と同じであり、CO_2も短期的には増加するが、2030年には原子力がある場合より減らすことが可能だという試算の発表があった。

その後、原発は農業にとって良くないとする某県の自民党県議、中部電力の幹部などの話を聞き、参加者で議論する会合を継続的に開催した。しかし、安倍内閣になって国のエネルギー政策が先祖帰りすることが明らかになるにつれ、中エネ会議の活動自身は下火になったが、「地域のエネルギーは地域で決める！」を実現するための新たな模索も始まっているのである。

⑤ 市民は「エネルギー自治」を支持

筆者は、「エネルギー自治」に関するウェブ調査を名古屋市・豊田市の市民を対象に実施した。調査対象者は調査会社にモニター登録している両市の20～60歳代の市民であり、合計1,163名（名古屋市779名、豊田市384名）から回答を得た。ウェブ調査に際し、調査対象者には調査の依頼元も「エネルギー自治」という言葉も知らされていない。

「エネルギー自治」には、次の3つの要素があると考える。ひとつは、地域のエネルギーの需要と供給のあり方などに関することは地域で決めるということ。エネルギー政策の地方分権化でもある。2つ目は、地域の再生可能資源を最大限活用したり、一次エネルギーを最も有効に活用したりする仕組みを地域に整備していくこと。3つ目は、前述のベルリンの法案にあるエネルギー事業の環境適合性、社会的公正性、運営の民主性などを考えると、エネルギー事業は自治体の関与がふさわしいこと。ウェブ調査では、これらに即して聞いてみた。

まず、「エネルギーのあり方は、これまで政府や電力会社などが全国一律に決めてきていました。地域のエネルギー資源や防災、環境などのことを考えると、地域におけるエネルギーの需要と供給のあり方は、どのような方法で決めていったらいいとお考えになりますか」と聞いた。回答は「主に県や市が、地域の自然的・社会経済的特性をふまえて、供給側と需要側双方の参加を得て、地域レベルで方針や方向を決める」が34.0%、「主に県や市が、地域の自然的・社会経済的特性をふまえて、供給側の参加を得て、地域レベルで方針や方向を決める」が24.1%、「主に国が、全国一律に供給側と需要側双方の参加を得て、国レベルで方針や方向を決める」が22.7%、「主に国が、全国一律に供給側の参加を得て、国レベルで方針や方法を決める」が18.7%であった。「地域レベルで決める」が6割近いことがわかる。エネルギー自治の第1の要素は市民には概ね支持されているようである。

次に、一次エネルギーの有効活用に関する質問を2つした。まず、「発電時に発生する排熱の利用についてお伺いします。排熱の利用方法として、住宅や業務施設が集積する都市の中に小さな発電所を設置して発電し、その排熱を周辺の住宅や業務施設での暖房・給湯などの熱として利用するという方法があります。最近では名古屋駅周辺などで導入が進みつつあるこうした利用方法について、あなたのお考えに近いものお知らせください」と聞いた。「我が家の地域にもぜひ導入してほしい」が33.4%、「我が家の地域にも導入してほしいが、家の中に熱の配管をつくるための費用面が心配だ」が21.5%、「我が家の地域にも導入してほしいが、街の中に発電所ができるので安全面が心配だ」が17.2%、「我が家の地域にも導入してほしいが、周辺に住宅や業務施設が少ないので効果面が心配だ」が9.9%、「我が家の地域にも導入してほしいが、街の中に発電所ができるので景観面が心配だ」が4.7%、「現在の暖房・給湯システムに十分満足しているので、排熱を利用する考えはない」が6.4%、「暖房・給湯の熱源は、住宅や業務施設ごとに確保すべきであって、こうした排熱を周辺地域の住宅や業務施設に供給すべきではない」が5.1%、「その他」が1.8%であった。「ぜひ導入してほしい」と「導入してほしいが○△が心配」を合わせると86.7%になる。一次エネルギー有効利用のためのコジェネによる地域熱供給に関する市民の受容性はかなり高いと言える。

また、「石油・石炭・天然ガスといったエネルギーを有効利用するため、工場・ごみ焼却場などから大気中などに捨てられている排熱によって水道水を温め、水道管を通じて家庭に供給されることを想定します。現在、家庭に供給される水道水の温度は、夏は約25℃、冬は約4℃ですが、こうした方法によって30～40℃程度の湯が蛇口から出るようになると、お湯がすぐに使え、ガスなどの消費量も削減されるという利点があります。一方で、蛇口からは冷水が出てこなくなるという欠点もあります。こうした方法について、どのようにお考えになりますか」と聞いた。これは、各種の排熱を上水道管を経由して住宅・業務施設の給湯用に供給するという筆者らのアイデアについての家庭における上水道利用者の受容性を聞いたわけだ。回答は「冬場だけ使いたい」が51.4%、「年間を通じて使いたい」が35.1%、「利用したくない」が12.7%となった。市民（家庭）での受容性は高いことがわかる。

3つ目に、公営エネルギー事業について聞いた。「例えば、名古屋市の姉妹都市であるアメリカのロサンゼルス市は全米最大の公営電気事業者であり、また、同じくイタリアのトリノ市は市営のコジェネからの電気と熱を販売しているなど、欧米などでは多くの自治体、あるいは自治体が過半を出資する事業体がエネルギー事業を行っています。日本でも、戦前には、いくつかの都市は電力事業などを行っており、現在でも約30の都市では都市ガス事業を行っています。今後、電力市場の全面自由化が予定されている中で、地方自治体による電気事業の可能性も出てきます。地方自治体によるエネルギー事業についてどう考えますか」と聞いた。これには「地方自治体がひとつの事業者として自由な電気市場に参入して競争することはよいことだ」が45.5%、「水道事業・ごみ処理事業などと同様に、エネルギー事業も地方自治体が行うべきである」が35.7%、「行政機関による事業は非効率だと思うので、エネルギー事業は地方自治体が行うべきではない」が17.7%であった。公営エネルギー事業に対する市民の反応は肯定的であると言える。

以上を総合してみると、市民は概ね「エネルギー自治」を支持していると言えよう。既存のエネルギー事業者、エネルギーの需要家としての事業者、自治体、政府などは、どう反応するのであろうか。自治体の反応は、あとで見る。

2　エネルギー・レジリエンス

①　レジリエントな地域エネルギー需給構造

「レジリエンス」が流行り言葉だ。国土強靭化法や国土強靭化計画があるが、この「強靭化」は「レリジエンス」のことだ。元々、レジリエンスは、復元力、抵抗力といった意味の心理学用語らしい。気候変動の文脈では、IPCCの第4次評価報告書（2007年）において、レジリエンスは「社会・生態システムが同じ構造や機能を維持できるように混乱を吸収する能力、自己組織化の能力」としている。国土強靭化は、「アベノミクス」のひとつとして、地域経済の活性化のための公共事業への先祖帰りをもたらしている。「強靭化」は、復元力や混乱を吸収する能力とは意を異にするような気がする。

さて、東日本大震災を契機に自立的なエネルギーシステムや減災を目指す地域づくりが喫緊の課題となり、また、水災害、熱中症や農作物の高温障害などの気候変動に伴うとみられる災害が顕在化しており、突発的、中長期的なさまざまなリスクに対応しうる能力を持った都市・地域づくりが求められるようになってきた。

そこで、レリジエンスは「①気候変動の緩和、②気候変動の適応、③エネルギーの自立、④減災・防災、といった多様なリスクに対応する能力」と定義してみたらどうであろうか。

都市には、多様な機能や政策分野があるが、緩和、適応、エネルギー自立、減災・防災の観点から、さまざまな外力、負荷、リスクに対応する能力が必要である。その対応能力がレジリエンスなのである。そして、レジリエンスを高めるための施策がハードウエア、ソフトウエア、ヒューマンウエアから成るレジリエンス施策となる。

レジリエントな都市づくりには自治体の広範な行政分野が関係するが、地域における自立的なエネルギーシステム、すなわち、レジリエントなエネルギー需給への転換・拡充が急務になっているものの、エネルギー政策上の権限はすべて国に属し、自治体はレジリエントな都市にとって不可欠なエネルギー分野の政策手段などを持っていない。地域エネルギー政策、すなわち「エネルギー自治」の早急な確立が求められる。

そこで、緩和、適応、エネルギー自立、減災・防災に即した「レジリエントな地域エネルギー需給構造」の姿を描き、その対応能力をアップさせるためのレジリエンス施策を講ずる必要がある。

このため、①レジリエンス指標の設定、②指標の現状評価、③レジリエンス施策の導入、④レジリエンス施策導入後の指標の評価というステップで、レジリエンス（多様なリスクに対応する能力）を強化する。

まず、レジリエンス指標の設定である。「緩和」の関係では、前出の「一次エネルギー供給量／最終エネルギー消費量」（日本全体では1.53であるが、コジェネからの電力が総発電電力量の45％程度を占めるベルリンでは約1.1と限りなく1に近い）、「再エネ（電気・熱）率」、家庭・業務の「電力化率」、電気で熱をつくる機器の普及率などが考えられる。「エネルギー自立」関係では、「エネルギー供給域外依存度」、「再エネ（電気･熱）率」が考えられる。そして、「減災」関係では、「大規模火力発電所・製油所などの埋立地立地割合」、「工場などの自家発電率」、「瞬電などへの需要側の対応率」、「エネルギー事業の事業継続計画（BCP）策定率」といった指標が考えられる。

次に、レジリエンス施策である。まず、「ソフトウエア」としては、分散型エネルギー（コジェネ、再エネ）を中心とした地域エネルギー需給計画、エネルギー政策の分権化、エネルギー事業の公営化などである。次に、ヒューマンウエアとしては、地域エネルギー計画などの合意形成のプロセス、地域エネルギー政策の能力向上のためのプログラムの実施などであり、ハードウエアとしては、分散型エネルギーシステムへの転換、地域におけるカスケード利用などである。

そして、レジリエンス評価である。レジリエンス施策導入後のレジリエンス指標の値からレジリエンス施策導入前のレジリエンス指標の値を差し引くことで、レリジエンスの値のアセスメントができる。もちろん、定量化が困難な指標や施策もある。

こんなアプローチで、日本の都市・地域のエネルギー需給構造に関するレジリエンスをアセスメント・診断し、都市・地域ごとに有効なレジリエンス施策を講ずる。エネルギー政策の分権化、そして、エネルギー需給計画の地域における合意形成がポイントとなる。エネルギー需給だけでなく、まちづくり、土地利用、交通、産業･農業などの広範な分野において、レジリエンスのアセスメントを行い、必要な施策を講ずる必要がある。上からの「国土強靭化」ではなく、各地域での「多様なリスクへの対応能力」の向上である。

②「レジリエンス策」としての分散型エネルギー

「自立・分散型エネルギーの導入」は、重要な一次エネルギー有効利用策であり、CO_2排出削減策であり、東日本大震災後には、電力などの供給力を高めるための方策[6]にもなり、さらに、最近では、地震・津波などの自然災害に対応するエネルギー基盤の強靭化のための取り組み、あるいは、極端な気象現象によるエネルギーインフラの機能停止のリスクへのレジリエントな経路としても位置付けられるようになってきたのである。

政府の「国土強靭化政策大綱」（平成25年12月17日）におけるエネルギー分野の取り組みとしては、「大規模被災時にあっても必要なエネルギーの供給量を確保できるよう努めつつ、被災後の供給量には限界が生じることを前提に供給先の優先順位の考え方を整理する。また、需要側の事業継続計画（BCP）を踏まえた需要量の把握、必要な石油製品備蓄量、非常時の供給体制、輸送ルートなどについて検討し、大規模自然災害時においても必要なエネルギーを確実に供給できるようにする。加えて、減少している末端供給能力（サービスステーションなど）の維持・強化や需要側における備蓄の促進を図るとともに、コジェネ、燃料電池、再エネなどの地域における自立・分散型エネルギーの導入を促進する」としている。また、自民党の国土強靭化総合調査会のエネルギー基盤強靭化に関する決議（2014年3月12日）では、日本海側と太平洋側を連結する天然ガスパイプラインの財政支援、内陸型発電所や東西の電力融通を可能とする周波数変換設備の整備、石油コンビナート施設の強靭化、コジェネ、再エネなどの自立・分散型エネルギーの導入促進、人工衛星の活用が挙げられている。このように、大規模な自然災害に対応する「ハード志向」の安倍政権の国土強靭化の文脈の中でも、「地域における自立・分散型エネルギーの導入促進」が重要な取り組みとして位置付けられているのである。

一方、気候変動の文脈では、気温上昇などに伴うさまざまなリスクを軽減するため、温室効果ガスの排出削減（緩和策）だけでなく、「社会・生態システムが同じ構造や機能を維持できるように混乱を吸収する能力、自己組織化の能力」

[6] 2030年には分散型エネルギーで総発電電力量の45%をまかなうことが目標になったこともあった（2012年9月の野田内閣の「革新的エネルギー戦略」）。

(IPCC第4次評価報告書)を「レジリエンス」とし、この能力を高める「適応策」が次第に重要となってきている。2014年3月31日に横浜で発表されたIPCC第5次評価報告書第2作業部会報告書では、気候変動による主要なリスクとして8項目が挙げられたが、その中には、大都市部への洪水による被害のリスク、熱波による特に都市部における脆弱な層における死亡や疾病のリスクなどのほかに、「極端な気象現象によるインフラ等の機能停止のリスク」として、「極端な気象現象が、電気、水供給、医療・緊急サービスなどのインフラネットワークと重要なサービスの機能停止をもたらすといった社会システム全体に影響を及ぼすリスクがある」としている。そして、「気候に対してレジリエントな経路と変革」として「経済的、社会的、技術的、政治的な決定や行動の変革が、気候に対してレジリエントな経路を可能にする」としているのである。これを、エネルギーシステムにあてはめてみると、「極端な気象現象によるエネルギーインフラの機能停止のリスク」に対応するため、エネルギーシステムの「変革」すなわち「地域における自立・分散型エネルギーの導入」を促進していくことによって、レジリエントな経路が可能になる、と理解することができる。

緩和策である「地域における自立・分散型エネルギーの導入」は、適応策(レジリエント策)でもあることがわかる。あるいは、自立・分散型エネルギーの導入は、緩和策と適応策の「コベネフィット」、さらには、前述のような大規模な自然災害に対応するエネルギー基盤の強靭化と合わせて「トリベネフィット」をもたらすのである。

国土強靭化に関しては、政府は国土強靭化基本計画を策定し、その後、都道府県・市町村は国土強靭化地域計画を策定していくこととなる。特に、国土強靭化地域計画には「レジリエンス策」としての自立・分散型エネルギーの導入促進を具体的に位置付けていく必要がある。そして、地域計画に位置付けるだけでなく、都道府県・市町村にエネルギー行政上の権限を分権化し、その具体化の手段を持たせることが必要である。また必要な場合には、都道府県・市町村がエネルギー事業を担うこともあるので、その事業性などを検証しておく必要がある。

③ エネルギー・レジリエンスの数量的評価の試み

大規模な自然災害や気候変動に伴うリスクに対応するエネルギー分野の対策（エネルギー・レジリエンス対策）には多様なものがあるが、大きく、ネットワークの強靭化などの「予防」、損傷施設の早期復旧などの「順応」、分散型エネルギーシステムへの転換などの「転換」に分類することができる。筆者は、東日本大震災の際の電力、ガス、水道のライフライン復旧日数、火力発電所の復旧日数、計画停電日数・時間、停電対応コストなどのデータをもとに、これら予防、順応、転換の各対策について、名古屋市内の家庭・業務部門を対象として数量シナリオを設定し、「レジリエンス価値」（回避される停電コストなど）、「CO_2削減量」、「レジリエンス設備投資額」を指標として、それぞれのエネルギー・レジリエンス対策の数量的評価を試みた。

まず、「レジリエンス価値」である。数量シナリオは、「予防」として、①配電多重化などによって停電90％復旧日数を1日短縮（東日本大震災の際の5日間を4日間に）および②PE管導入などによって都市ガス停止復旧日数を5日短縮（同25日間を20日間に）、「順応」として、③火力発電所復旧日数を同127日を90日に（計画停電時間を同10h（2.5回×4h）を7hに）、「転換」として、④家庭・業務総電力消費量の4割を分散型電源（コジェネ・自家発・ごみ発・太陽光）からの小売でまかなうことによって送電線破損に伴う停電復旧日数を2日短縮（同5日間を3日間に）、⑤家庭・業務総電力消費量の4割を分散型電源からの小売でまかなうことによって計画停電時間を5h短縮（同10h（2.5回×4h）を5hに）および⑥家庭・業務総給湯用エネルギー量に相当する熱量を上水道管を経て工場・ごみ焼却場・コジェネの排熱から得る（断水復旧期間（同14日間）を除く）を設定し、それぞれ、停電対応コスト（個人1,431円／kWh、中小事業者7,497円／kWh[7]）または節約される都市ガス料金を乗じて、それぞれの回避される停電コストなど（レジリエンス価値）を算出した。「レジリエンス価値」は、「予防」（①、②）では200億円、「順

[7] 電力系統利用協議会『停電コストに関する調査報告書』（2014年1月）による。

表 14　名古屋市を対象とした予防・順応・転換施策のレジリエンス価値など（試算）

		予防	順応	転換
数量シナリオ		①配電多重化などによって停電90%復旧日数を1日短縮（5日→4日）	③火力発電所復旧日数を127日→90日（計画停電時間を10h(2.5回×4h)→7h）	④家庭・業務総電力消費量の4割を分散型電源（コジェネ・自家発・ごみ発・太陽光）からの小売でまかなうことによって送電線破損に伴う停電復旧日数2日短縮(5日→3日)
		②PE管導入などによって都市ガス停止復旧日数を5日短縮（25日→20日）	—	⑤家庭・業務総電力消費量の4割を分散型電源からの小売でまかなうことによって計画停電時間を10h(2.5回×4h)→5h
				⑥家庭・業務総給湯用エネルギー量に相当する熱量を水道管を経て工場・ごみ焼却場・コジェネの排熱から得る（断水復旧期間（14日間）を除く）
レジリエンス価値算定式		①（家庭総電力消費量（kWh）×個人停電対応コスト（1,431円／kWh）＋業務総電力消費量（kWh）×中小事業者停電対応コスト（7,497円／kWh））×（24h／8,760h）	③（家庭総電力消費量（kWh）×個人計画停電対応コスト（1,431円／kWh）＋業務総電力消費量（kWh）×中小事業者計画停電対応コスト（7,497円／kWh））×（3h／8,760h）	④（家庭総電力消費量（kWh）×個人停電対応コスト（1,431円／kWh）＋業務総電力消費量（kWh）×中小事業者停電対応コスト（7,497円／kWh））×（24h／8,760h）
		②家庭・業務総給湯用エネルギー量（MJ）×5日×4.3円／MJ	—	⑤（家庭総電力消費量（kWh）×個人計画停電対応コスト（1,431円／kWh）＋業務総電力消費量（kWh）×中小事業者計画停電対応コスト（7,497円／kWh））×(5h／8,760h)
				⑥家庭・業務総給湯用エネルギー量（MJ）×（(都市ガス停止復旧日数－断水復旧数）／365日）×4.3円／MJ
レジリエンス価値（百万円）	①、③、④	18,355	22,943	36,709
	⑤			38,239
	②、⑥	1,614		2,905
	総計	19,968	22,943	77,853
CO_2削減量（千トン）	①、③、④	—	—	1,020
	⑤	—	—	
	②、⑥	—	—	1,370
	総計	—	—	2,390
予防・順応／転換の設備投資額		電力関係復旧設備投資費：484億～564億円（kWh当たり、人口当たりの東北電力の復旧設備投資額を算出し、名古屋市にあてはめた）		コジェネ20万kW設備投資額（熱導管費を除く）約500億円

出典：筆者作成

応」（③）では229億円、「転換」（④、⑤、⑥）では779億円となった。この数量シナリオでは、分散型エネルギーシステムへの転換（工場等からの排熱利用、コジェネ電力などの小売）という「転換」のレジリエンス価値は、「予防」と「順応」の合計額よりも大きいことがわかった。

次に、「CO_2削減量」については、「予防」（①、②）と「順応」（③）では、CO_2は削減されないが、工場などからの排熱利用とコジェネ電力などの小売という「転換」（④、⑤、⑥）では102万トン削減される。これは、名古屋市の総排出量の15%に相当する。

3つ目の「レジリエンス設備投資額」については、「予防」および「順応」の設備投資額は、東日本大震災の際の東北電力の復旧設備投資額（22～24年度に2,120億円。火力発電所（約340万kW）、46基の鉄塔、105線路の送電線、75か所の変電所、約3万6,000基の電柱など）から東北電力のkWh当たりおよび管内人口当たりの復旧設備投資額を算出し、名古屋市内の家庭・業務の電力消費量、人口にそれぞれあてはめたところ、kWh当たりで見た設備投資額が484億円、人口当たりで見た設備投資額が564億円となった。「転換」（④、⑤、⑥）の設備投資額としては、コジェネ20万kW（日本ガス協会の2030年の県別のガスコジェネの予測量（業務用）から名古屋市内分を推計）の設備投資額（コジェネ排熱も上水道管を利用して供給するという前提であるので、熱導管敷設費は除いた）を500億円とした。これらから、「予防」および「順応」の設備投資額は、概ね「転換」の設備投資額と同レベルとなった**【表14】**。

このように、「予防」（ネットワークの復旧日数の短縮）、「順応」（火力発電所の復旧日数の短縮）、「転換」（分散型エネルギーシステムへの転換）の各対策について、「レジリエンス価値」、「CO_2削減量」、「レジリエンス設備投資額」を指標とし、名古屋市内の家庭・業務部門を対象として、一定の数量シナリオの下に、それぞれのエネルギー・レジリエンス対策の数量的評価を試みたが、「転換」は、「レジリエンス価値」、「CO_2削減量」による評価では圧倒的に優位であり、「レジリエンス設備投資額」による評価では「予防」と「順応」の合計と同レベルであった。

なお、今回は、指標として用いていないが、電気・熱の供給力の増強という観点でみても、「転換」(分散型エネルギーシステムへの転換)だけが威力を発揮するわけである。

④ ドイツにおけるエネルギー分野の「適応策」

2015年11月に日本政府の適応計画が閣議決定された。この中では、農業・食料、沿岸、自然生態系などの分野については多くの施策が盛り込まれているが、エネルギー分野の適応策は扱われていない。一方、ドイツ連邦政府は2005年の「気候保護プログラム」の中で、初めて全国的な適応の戦略を明らかにし、連邦環境庁は2006年に「気候影響・適応センター(KomPass)」を設立した。そして、2008年に連邦政府は「気候変動に関する適応戦略」を決定し、2011年には連邦政府と州政府の合意の下に「適応行動計画」を決定した。適応戦略やKomPassにおいては、エネルギー分野など14の分野(健康、建設、水・沿岸・海洋、土壌、生物多様性、農業、林業、漁業、エネルギー(転換・輸送・配給)、財政、交通、産業、観光、地域・建築計画)の適応策が扱われてきている。以下、ドイツにおけるエネルギー分野の適応策を見る。

適応の枠組みにおいては、洪水、豪雨、嵐、雹、雷といった極端な気象事象からエネルギー転換(発電、石油精製など)やエネルギー配給の構造を守らなくてはならないと同時に、気候変動のエネルギー需要への影響を配慮しなくてはならないとして、それぞれの観点から、技術的対応、政策・法的・マネジメント的対応を明らかにしている。

第1に、発電などのエネルギー転換については、集中型の大型発電所といった従来型のエネルギー供給方式は、気候変動による障害に対して脆弱であり、一方、再エネ、特に、風力、太陽光へのシフトはエネルギー供給源を分散化させるので、地域での気候変動に伴う事象に対してレジリエントであるとしている。

まず、気候変動による従来型のエネルギー転換にとっての中心的な問題は、石炭・石油・天然ガス・原子力といった汽力発電所への冷却水の供給である。温かくなった河川からの冷却水は冷却効果を損なうので、より多くの水量が必要となる。水法上の基準を満たすためには、温まった河川の水はもはや冷却水として使用できない。より温かくなった冷却水が温かい河川に戻ってくると、河川の生態系に問題が生ずるので、法律上制限されている。極端な場合には、発電所の操業を停止しなくてはならない。こうしたことから、汽力発電所は、水冷と空冷の冷却システムの組み合わせといった革新的な冷却コンセプトを取り入れるべきである。また、燃料の利用温度が高く、より発電効率の高いコジェネによって、冷却水の需要を低減させ、かつ、適度な温熱・冷熱を利用できるようにしておくことが必要である。また、再エネは、化石燃料によるピーク負荷への需要を低減することができるので、問題の多い夏季における冷却水への対応策にもなる。

次に、発電所などが気候変動による洪水で冠水するリスクがある。発電所にとって、既に高い安全性があり、洪水対策施設が備わっている立地場所であるにもかかわらず、減損や切断は起こるのである。集中型の発電所においては、今日、排水システムが備わっているが、発電所の建物は洪水によって危険にさらされるので、新規の発電所は適切な立地場所に注意しなくてはならない。洪水によって、家庭の暖房設備なども影響を受け、ボイラー、温水管が損傷する。

3つ目に、従来型の発電所の運転は、ロジスティックな面での適応にも配慮しなくてはならない。従来型の発電所への燃料の輸送を舟運に頼る場合には、舟運が洪水や渇水によって制約を受け、あるいは、遮断される場合に備えて、他の手段を使えるようにしておかなくてはならない。ロジステックな面での柔軟性、そして、地域での燃料の備蓄の可能性について、現実的に適応する必要がある。

4つ目に、当然、再エネの場合にも気候変動の影響は心配しなくてはいけない。例えば、気温の上昇は、太陽光発電モジュールの効率を低下させ、また、雹や嵐によって損害を受ける。強い嵐には、風力発電を止めなくてはならない。安定的な高気圧に覆われている間は、風力発電は発電できない。太陽光発電の電気系統への浸水によって、ショートが起こり、モジュールが損傷する。洪水によって、バイオマスの生産が損なわれることもある。雪に覆われたら太陽光発電は損なわれる。これらに対応するため、再エネ（風力・太陽光）からの電力の蓄電は、将来的に重要な意味があるが、既に今日でも嵐、雪、雹のよる影響の観点から意味がある。異常な気候に対応するため、例えば、風力発電における風の制御装置のように、既に、多くのコンセプトや技術が開発されている。風力発電の分野では、遠隔保守システムが最大限活用される。洪水の危険がある地域に立地する太陽光発電には、ショートしないための制御されたスイッチシステムを整備する必要がある。太陽光発電のモジュールの雹による被害は、厚い保護ガラスによって防ぐことができる。

第2に、送配電網などのネットワークの安全性である。送配電網の関連設備の立地場所の選定に際して、送配電網への被害を及ぼす洪水、嵐、雷といった極端な気象に配慮しなくてはならない。洪水によって変圧器その他の配電網へのリスクが高まる。ケーブルルートは洗われ、支柱は損傷し、支柱の基礎は傷つく。また、洪水によって、ガス供給網や遠距離熱供給網は、例えば、改質機またはガス圧縮機の浸水によって影響を受ける。夏の高い気温は、配電の末端のケーブルの損害や頭上式ラインの送電ロスによって、送配電にも支障が生ずる。雪の重みや異常な気温による送配電網への負荷については、技術的な予防措置が必要である。高い送電能力への危害を少なくするため、頭上式送配電網モニタリング、温度モニタリングが必要である。凍結予防には、熱ワイヤーやPETD（Pulse Electro-Thermal Deicing、パルス電気熱除氷）が有効である。

第3にエネルギー需要への影響である。高い気温の結果、家庭、工場、あるいは、物資の輸送や保管の際には、冷房需要は増大する。特に、建物の設計、都市計画では配慮することが必要である。例えば、建物断熱、日陰づくりは、冷房需要を明確に下げる。その他、技術機器のエネルギー効率を向上させることもできる。

以上、KomPassで発信されているさまざまな取り組みを整理してみた。例えば、汽力発電の冷却水の河川からの取水、これから冷房需要が増大という点などは日本の事情とは異なるが、「緩和策」をリードするドイツでは、エネルギー分野の「適応策」に関しても、多面的な検討がなされ、取り組まれているのである。

3　エネルギー地産「地消」

①「自治体電力小売事業」――自治体のエネルギー政策の動向――

自治体が出資する新電力が増えてきている。市町村出資では、群馬県中之条町の一般財団法人「中之条電力」が最初。福岡県みやま市、大阪府泉佐野市、群馬県太田市、鳥取県鳥取市などがつづく。政令指定都市では、2015年10月の浜松市が最初。同年11月には北九州市がつづいた。都道府県では2015年8月の山形県が最初。小売全面自由化に向けて小売電気事業者の登録がはじまっているが、自治体や一部事務組合が出資する事業者が既にいくつか登録されている。

筆者の研究室は、2014年の秋、全国のすべての都道府県・市町村（全1,788団体、一部事務組合・広域連合は調査対象外）に対し、自治体のエネルギー政策に関するアンケート調査を行った。回答数は976件（回答率54.6%）であった。この調査では、域内の2020年CO_2削減目標の有無・数値、エネルギーを冠する組織、エネルギー条例の有無・目的・措置内容、エネルギー計画の有無・目的・措置内容、域内のエネルギー需給構造の把握状況、エネルギーの個々の取り組みの内容などのほか、エネルギー行政の地方分権化の意向【表15】【表16】、各行政はどこが担当すべきか【表17】、さらに、電力小売自由化を見据えた自治体の小売事業者への参入の意向【表18】を把握した。

日本の自治体にはエネルギー行政上の法的権限はないが、近年、さまざまな取り組みが進みつつある。エネルギーを担当する組織を設置する自治体は増加し、課・室を置く自治体は都道府県で半数以上、政令市で3分の1にもなる。エネルギー条例を制定する都道府県は2割、エネルギー計画（新エネビジョンを除く）の策定は半数以上に及ぶ。計画の目的としては、再エネ促進が一般的であるほか、大都市地域ではコジェネ促進が特徴的であり、概ね半数がエネルギー自立、2～3割が一次エネルギー効率利用となっている。具体的措置では、住宅用太陽光発電補助金は一般的であり、大都市地域ではコジェネ補助金やスマートシティ、都道府県では中小水力の設置が多い。エネルギー行政の地方分権化については、

表 15　CO_2 削減目標、エネルギー組織、条例、計画、計画の目的
（数字は回答自治体数に占める割合（%））

	都道府県	政令市	中核市	特例市	その他
域内の 2020 年 CO_2 削減目標あり	71.8	78.9	87.5	81.6	31.4
エネ組織（課・室）あり	58.5	31.6	13.3	7.5	3.0
エネ条例あり	20.5	5.3	2.5	5.3	2.6
エネ計画あり	51.3	26.3	12.5	15.8	8.5
計画目的：一次エネ有効利用	15.0	20.0	0.0	0.0	32.4
同：エネ地域自立	45.0	60.0	40.0	0.0	35.2
同：再エネ促進	100.0	100.0	100.0	80.0	74.6
同：コジェネ促進	25.0	80.0	60.0	20.0	16.9

出典：名古屋大学大学院環境学研究科竹内研究室

表 16　具体的エネルギー取り組み、エネルギー行政の分権化の意向
（数字は回答自治体数に占める割合（%））

	都道府県	政令市	中核市	特例市	その他
中小水力設置主体	64.1	42.1	25.0	21.1	4.4
風力設置主体	20.5	31.6	15.1	15.8	5.2
熱供給事業主体	0.0	0.0	0.0	2.6	1.1
公有地利用メガソーラー	28.2	31.6	17.5	10.5	3.1
住宅用太陽光発電補助金	43.6	78.9	90.0	84.2	65.8
コジェネ補助金	15.4	68.4	25.0	23.7	4.0
スマートシティなど	33.3	73.7	25.0	15.8	6.5
エネ行政は分権化すべき	25.6	36.8	17.5	18.4	13.1

出典：名古屋大学大学院環境学研究科竹内研究室

表 17　各エネルギー行政はどこが担当すべきか？
（「分権化すべき」と回答した自治体（167 団体）の回答数）

	国	都道府県・政令市	政令市以外の市町村
電気事業法等の事業許可	110	51	6
電気事業法等の電気工作物等の許可・届出	78	80	9
原子力安全規制	160	6	1
省エネ法に基づく工場等への指導・報告徴収等	48	96	23
固定価格買取制度における再エネ施設の認定	92	58	17

出典：名古屋大学大学院環境学研究科竹内研究室

表18　電力小売事業への参入を検討する自治体数
（%は合計数の全回答自治体数に占める割合）

	都道府県	政令市	中核市	特例市	その他	合計	%
みずから発電した再エネ電力については小売事業も検討していきたい。	0	0	2	2	30	34	3.5
再エネ電力、ごみ発電電力、域内のコジェネ電力、自家発電の余剰電力などを調達し、小売する事業を検討したい。	0	1	1	0	17	19	1.8
域内に限らず各地の再エネ電力を調達し域内を中心に「再エネ100%電力」を小売する事業を検討したい。	0	0	0	0	2	2	0.2
あらゆる可能性を検討したい。	7	3	3	0	11	24	2.7
総計	7	4	6	2	61	80	8.2

出典：名古屋大学大学院環境学研究科竹内研究室

政令市、都道府県でその意向が強い。

次に、エネルギー行政はどこが担当すべきか。原子力安全規制は圧倒的に国であったが、省エネ法に基づく工場等への指導・報告徴収などは都道府県・政令市が国の2倍近く、電気事業法などの許可・届出は都道府県・政令市が国を若干上回った。

さて、電力小売事業への参入の検討状況である。「みずから発電した再エネ電力については、小売事業も検討していきたい」は全体で3.5%である。また、「再エネ電力、ごみ発電電力、域内のコジェネ電力、自家発電の余剰電力などを調達し、小売する事業を検討したい」とする自治体は全体で1.8%である。

一方、「域内に限らず各地の再エネ電力を調達し域内を中心に『再エネ100%電力』を小売する事業を検討したい」とするのは全体で0.2%であった。また、電力・ガス市場改革の最終的な姿が明らかでないので、「あらゆる可能性を検討したい」とする自治体が全体の2.7%あった。このように、全面自由化の1年半前の2014年秋の時点では、電力小売事業への参入を積極的に検討している自治体は、全体の8.2%であった。

なお、気候変動・大規模自然災害に伴うエネルギー供給ネットワークの途絶などへの対応について聞いたところ（複数回答）、多い順に、独立電源の導入促進（412）、電気自動車（ガソリン車代替および蓄電）の導入促進（137）、分散型エネルギーシステムの整備促進（48）、ガソリンの備蓄（38）、ネットワークの早期回復の要請（37）、配電多重化等の要請（18）であった。自治体では、レジリエンス（減災）の観点からも、独立電源や分散型エネルギーシステムの導入を促進しようとしていることがわかる。

②「日本版『首長誓約』」――エネルギー自治で地域創生――

2015年1月、筆者らは、中部5県の県・市町村を対象にして、「日本版『首長誓約』」の立ち上げに向けた説明を兼ねたシンポジウムを開催した。急な呼びかけにも関わらず、5人の市長、50を超す自治体の職員、さらに、県議、市議など計約100人の参加を得た。

前述のように、EUの執行機関であるEC（欧州委員会）は、2008年から、CO_2排出量のさらなる削減のための仕組みとして「市長誓約」を進めてきている。これは、EUの2020年の削減目標である1990年比マイナス20%以上の削減を目指す市長は、その旨を「誓約」し、概ね1年後には「持続可能なエネルギー行動計画（SEAP）」を策定し、それをEC事務局が審査し、実施状況をモニタリングするという仕組みである。2016年3月1日現在、EU域内の6,795の自治体首長が誓約している。そして、ECは、この仕組みをEU域外にも広めようとしているところである。

シンポジウムには、ECのエネルギー総局で「市長誓約」を立ち上げ、今、これをEU域外にも広めようとしているペドロ・バレステロス氏を招いた。

「日本版『首長誓約』」は、EUの「市長誓約」にあるCO_2削減だけでなく、エネルギーの地産地消、気候変動・大規模自然災害への対応力、「しごと」づくり、すなわち、「地域創生」を目指し、これらの目標を見極め、設定し、これらを達成するための自治体のエネルギー政策の確立、分散型エネルギーシステムへの転換の方向付け、そして自治体によるエネルギー事業（電力・熱の生産／調達・小売）といった「エネルギー自治」の推進を首長が誓約し、フィージビリティスタディなどを実施して誓約の達成のための行動計画を策定し、エネルギーの地産地消などの事業の実施を図るものである。

「日本版『首長誓約』」は、首長の政治的意思、イニシアティブによる「エネルギー自治を通じた地域創生」のための仕組みなのである。

第1章で述べたように、この国では、1990年代初めからゼロ成長が定着し、また、2008年をピークにして人口減少が本格化しているにもかかわらず、この間の歴代内閣は「経済成長」を唯一無二の目標としてきた。この現実と政策との矛盾が所得階層間の格差、大企業と中小企業の間の格差、地域間の格差などを拡大させている。

太陽光発電、エコカー、グリーン家電、エコ住宅などの製造・販売の増強、原子力発電の新増設（輸出も）などのCO_2削減策は「成長戦略」の柱のひとつとなり、「グリーン成長」が目指されたが、一部の世界的大メーカーなどの業績の向上には寄与したものの、大多数を占める地域の地場産業などにはほとんど関係がない。格差を助長させただけではないか。

そして、この国の温室効果ガスの排出量は、ゼロ成長・人口減少の定着にもかかわらず、一貫して増加傾向にあり、2013年度は過去最高の排出量となった。前述の国主導の「グリーン成長」路線では温室効果ガスは削減されてきていないのである。

また、この国では、どの地域においても大規模自然災害や地球温暖化によるリスクは避けられず、特に、エネルギー供給・輸送の途絶のリスクは、地域の社会・経済活動に計り知れない影響を及ぼす。こうしたリスクに対応できる「レジリエント」な地域につくり変えていかなくてはならないが、国の「成長戦略」に沿った「国土強靭化」路線が幅を利かせている。

そして、原発については、優に半数を超える国民が撤退を求めているにもかかわらず、「経済成長」が唯一の目標である政府や経済界は、これに応えようとしない。もはや、「脱原発」を求める広範な市民・事業者は、政府や電力会社に要求するのではなく、みずから発電する、あるいは、小売の全面自由化を契機に原発の電力を小売しない電気事業者から電力を買うという方向に向かうであろう。

このように、地域においては、人口減少への対応、経済・雇用の再生、レジリエントな地域づくりといった課題を抱えているとともに、所得階層間や大企業・中小企業間の格差、あるいは、CO_2削減、脱原発などの課題には、国に代わって「地域」からの挑戦が求められているのである。

一方で、「消滅可能性都市」などといったセンセーショナルな見通しをきっかけに、「地域創生」が政策課題になり、「まち、ひと、しごと創生総合戦略」などが策定されている。

今、これらの諸課題や挑戦を一体として捉え、これを突破するために有効な方法は「エネルギー自治」を実現していくことなのである。すなわち、自治体が地域のエネルギー政策を確立して分散型・地産地消型のエネルギーシステムへの転換を方向付け、さらに、みずからがエネルギー事業（電力・熱の生産・調達および小売）を推進するのである。「エネルギー自治」を通じた「地域創生」である。

家計の支出の中で、食費、交通費、教育費、家賃、水道代といった項目は、主に、地元の商店などに支払われ、特に、食料品は「地産地消」志向が顕著である。地域における「しごと」の多くは、こうした財やサービスの生産や販売の仕事である。しかし、光熱費、特に電気代は、日本に10しかない電力会社に支払われる。一世帯当たりの年間の電気代はだいたい10万円であるので、例えば、世帯数が10万の市では、各世帯が毎年合計100億円もの電気代を電力会社に支払って、遠方の巨大発電所からの電気を買っているのである。地産「地消」して、この100億円を地域に取り戻す（還流させる）のである。

ちなみに、電力の小売全面自由化に伴って50kW以下の家庭などへの小売で約7.5兆円の電力市場が開放される。50kW以上の企業向けの小売や発電も含めると20兆円を超える電力市場をめぐる顧客獲得競争が2016年度から本格的に始まる。20兆円というと、全国の市町村税の総税収額に相当する。

この競争に、自治体が直接・間接に参入するのである。自治体が関与して、電気をつくりまたは調達し、小売する「しごと」をするのである。そして域外に流出していた多額の電気代の一部が域内にとどまるのである。ドイツ、米国などでは、自治体が直営または出資する電力会社が発電・送配電・小売の事業を行っている。こうした公営の事業体は、既に見たように、ドイツには約900、米国には約2,000ある。

「日本版『首長誓約』」は、域内の事業者や自治体による①再エネ発電事業、②コジェネ事業、③電力小売事業（例：域内の再エネ発電・コジェネ・自家発電余剰電力・ごみ発電などから電力を調達して託送により家庭などに小売）、④排熱供給事業（例：工場・ごみ焼却場・コジェネなどからの排熱を、既存インフラ（上水道管など）を通じて家庭などに供給）、⑤その他HEMSなど、また、これらの組み合わせについてのフィージビリティスタディ（導入可能量、事業性・収益性、雇用創出量、CO_2削減量、エネルギーレジリエンス性など）を行い、導入量、事業性などが十分確認された事業を計画的に導入していき、誓約したエネルギー地産「地消」、CO_2削減、「しごと」、レジリエンスなどの目標を達成するのである。

そして、2016年度からの電力小売の全面自由化に伴い、家庭などは地産のエネルギーを選択（地消）することによって、結果として、原子力や石炭からの電力を含む電力（大電力会社の電力）への需要は減り、需要側から脱原発などが実現されるのである。

筆者の大学が「日本版『首長誓約』」の事務局になり、全国の自治体に「エネルギー自治を通じた地域創生」の取り組みを働きかけている。2015年12月のパリでのCOP21の際には、「グローバル版『首長誓約』（Global Covenant of Mayors）」が立ち上がることがアナウンスされた。「日本版『首長誓約』」もこれに合流することとなる。

そして、同年12月12日、愛知県の岡崎市、豊田市など5市の市長がそろって第一号として誓約した。

④ エネルギー地産「地消」でCO_2大幅削減・資金還流など

最後に、「充足」型のエネルギーシステム、すなわち、エネルギーの地産「地消」

によるCO_2の大幅削減、資金（電気代）の還流などを試算してみる。

試算の前提は次のとおりである。

ア 試算する地域は、総人口160万人の10市町からなる地域（ここでは「○△地域」と呼ぶ）

イ ○△地域の再エネ電力などの設備の投資家には、①住宅用太陽光発電を設置する家庭と域内の投資家、②○△地域に投資する域外の投資家とがあり、①と②の投資額は2：1とする。

ウ ○△地域内にある太陽光発電、風力発電、バイオマス発電（ごみ発電を含む）やコジェネなどからの電力を「地域電力小売事業者」が調達し、○△域内の主に家庭に小売する。

エ「地域電力小売事業者」は、不安定な太陽光発電・風力発電からの電力をバイオマス発電・コジェネなどを調整電源として需要量に合うよう調達し、調達量と小売量の「同時同量」のオペレーションを行う。

オ 再エネ電力については、資源エネルギー庁発表の2015年7月現在の市町別の導入量（kW）および新規認定量（kW[8]）から調達量（kWh[9]）を算定する。

カ「地域電力小売事業者」は、再エネ電力については電力卸取引所のスポット電力価格（11円／kWh）で調達（これに電力託送料[10]が加算され20円／kWh）し、コジェネ電力については9円／kWh（託送料が加算され18円／kWh）で調達する。

キ「地域電力小売事業者」は、25円／kWhで主に家庭に小売する。

以上のような前提で、○△地域の電力体制が、現行の大電力会社の体制を維持する場合と、○△地域に「地域電力小売事業者」（民間、市民、自治体の出資）

---

[8] 10 kW以上の太陽光発電は新規認定量のうち70%が導入されると仮定。

[9] 10 kW未満の太陽光発電からは20%を調達すると仮定。

[10] 低圧電力：9円／kWh。

表 19　エネルギー地産「地消」に伴う資金還流、CO_2 削減

	単位	現行体制維持ケース	地域電力小売事業者参入ケース		
		大電力会社	大電力会社	地域小売事業者	計
電力小売量	億kWh	254	234	34	268
A 再エネ電力買取量	億kWh	20	0	20	20
B コジェネ（調整電源）電力買取量	億kWh	—	—	14	14
C 再エネ電力調達コスト（※1）	億円	220（※2）	0	400（※3）	400
D コジェネ（調整電源）電力調達コスト（※4）	億円	—	—	252（※5）	252
E 託送料（※6）	億円	—	—	306	306
①域外電力料金支払額（小売収入）	億円	3,693	3,193	0	3,193
②域内電力料金支払額（小売収入）（※7）	億円	—	—	850	850
③域内再エネ投資家への還流額	億円	280	0	280	280
④域外再エネ投資家へ	億円	140	0	140	140
地域電力小売事業者の利益＝②-C-D（一部を新たな再エネ投資に）	億円	—	—	198	198
域内残留・還流額＝②+③-E	億円	280	0	824	824
域内からのCO_2削減	万トン	248	204	180	384

※1　取引所スポット 11 円／ kWh、託送（低圧）9 円／ kWh（固定価格買取制度の買取価格と取引所スポット価格との差額は再エネ賦課金から交付）
※2　11 円／ kWh × A
※3　20 円／ kWh × A
※4　コジェネ 9 円／ kWh、託送（低圧）9 円／ kWh
※5　18 円／ kWh × B
※6　（A+B）× 9 円／ kWh
※7　（A+B）× 25 円／ kWh（家庭向け料金）
出典：筆者作成

が参入する場合の

① ○△地域からのCO_2の削減量

② 資金（電気代）の還流額（残留額）

について比較してみる【表19】。なお、ここでは、固定価格買取制度での再エネの電力は小売事業者が買い取ることを前提としている。

まず、①について見る。

現行体制維持の場合には、大電力会社が買い上げた再エネによって大電力会社のCO_2排出係数が0.0093kg／kWh下がるので、○△地域で消費する大電力会社からの電力のCO_2は248万トン削減される。

「地域電力小売事業者」が参入する場合には、○△域内の再エネ・コジェネ電力を調達し、直接地域内に小売・「地消」することに伴うCO_2削減量（180万トン）と、「地消」量以外の再エネ電力量を大電力会社が買い上げることによる大電力会社のCO_2排出係数の低下に伴う○△域内のCO_2削減量（204万トン）の合計384万トンの削減になる。

このように、「地域電力小売事業者」が参入して地産「地消」する場合には、○△地域から排出されるCO_2は、現行体制維持の場合の1.5倍近く削減される。

次に、②を見る。

○△地域から大電力会社への電気料金支払額は3,693億円（うち家庭からは662億円）と推定される。

現行体制維持の場合は、大電力会社の再エネ電力調達コスト（220億円）および再エネ賦課金からの交付金（200億円）の計420億円のうち、○△域内の住宅用太陽光発電設置者と域内の再エネ投資家に合計280億円が還流される。

「地域電力小売事業者」が参入する場合には、小売事業者の小売料金収入850億円から託送料306億円を差し引いた544億円が域内に残留し、○△域内の住宅用太陽光発電設置者などへの還流額280億円がプラスされて合計824億円が域内に残留（還流）する。

このように、「地域電力小売事業者」が参入して、地域の再エネ・コジェネ電力などを調達し、「同時同量」で域内の家庭に小売（地消）する場合には、現行体制維持の場合に比べて、残留・還流額は544億円多い。

また、「地域電力小売事業者」の小売収入850億円と再エネ・コジェネ電力の調達コスト652億円の差額（198億円）の中から、域内での新たな再エネ施設やコジェネ施設を資金的に支援すると、これらの地域内での拡大再生産につながり、CO_2削減量や資金残留・還流額も拡大するのである。

さらに、「地域電力小売事業者」が挙げた利益は、出資者の出資割合に応じて出資者に配当される。自治体が出資する場合には、配当金は自治体の歳入となる。

そして、この「地域電力小売事業者」の電力調達先は電力卸取引所や既存の大電力会社ではなく、域内の再エネ、コジェネであるので、この「地域電力小売事業者」と契約する電力需要家は原子力や石炭火力からの電力を使わずに済むのである。

おわりに

「環境村」を脱出して10年になる。

この間、2050年までに世界の温室効果ガス排出量を半減（先進国は1990年比マイナス80～95%）することが必要であるとされた。また、京都議定書の目標達成のための大規模な「国民運動」が展開され、特にリーマンショックをきっかけに、成長戦略として「グリーン成長」が叫ばれるようになった。東日本大震災・福島第一原発事故が起こり、一旦は、2030年代には原発をゼロにする戦略が政府によって決められたが、すぐに先祖返りした。そして、「再生可能エネルギー」、「レジリエンス」などがキーワードになり、近年では、「消滅可能都市」、「地方創生」が加わった。

この間、筆者は、名古屋市のCO_2排出量を2050年にはマイナス60%（原発なし）とするロードマップ、全国の脱原発・脱温暖化ロードマップ（2030年には原発ゼロ、CO_2は1990年比マイナス20%）などの試案をつくり、地域に根差した温暖化対策事業の地域経済・雇用効果、「暮らしやまちを変える」電気自動車の普及策、都市におけるエネルギー・レジリエンスのあり方などを研究し、「名チャリ」、リユースステーションなどの社会実験も行ってきた。また、2014年に名古屋で開催された「ESDユネスコ世界会議」に向けた中部ESD拠点や名古屋大学としての取り組みを行った。一方で、欧州の気候同盟などと協力し、自治体の気候政策の確立に向けたプログラムづくりを行うとともに、「エネルギー自治」、「エネルギー地産地消」の先行事例を調査してきた。そして、日本の自治体に「エネルギー地産地消」を首長のイニシアティブで進める「首長誓約」を提案している。

そして、この間、筆者は、これらの調査結果などを『分散型エネルギー新聞』（2015年3月休刊）に連載し、また、環境やエネルギー関連の月刊誌に寄稿してきた。本書の一部は、これらの連載などを大幅に加筆修正したものから構成される。

本書では、まず、1990年代以降、「エコ」をキーワードとして「環境効率」、「参加・

協働」、ISO14001などがブームになり、また、「グリーン成長戦略」が目指されたが、さしたる成果を挙げることなく、これらが終了してしまった背景などを検証した。そのうえで、筆者自身による脱原発・脱温暖化ロードマップ、「名チャリ」などの社会実験、欧州におけるエネルギー地産地消の調査などの成果から、地域において「結果として活動量を減らす充足型の社会システム」に転換していくことが本質的な環境取り組みの方法であると結論付け、これを地域環境戦略として提案した。いかがであろうか。読者のコメントをお聞かせいただければ幸いである。

本書は、環境に関して熱いご指導をいただいていた故竹内謙さん（元朝日新聞編集委員、元鎌倉市長）を偲ぶ会（2014年12月）でお会いした清水弘文堂書房社主の礒貝日月さんのお世話で刊行の運びとなった。礒貝さん、そして故竹内謙さんに心から感謝いたします。

2016年3月

知多半島の充足型の寓居にて　竹内恒夫

参考文献

日本語

ノリ・ハドル（1975）『夢の島——公害から見た日本研究』サイマル出版会
地域憲章推進日本委員会（2003）『地球憲章——持続可能な未来に向けての価値と原則』ぎょうせい
水野和夫（2014）『資本主義の終焉と歴史の危機』集英社
老子『老子』峰屋邦夫訳（2008）、岩波書店
『ブッダのことば——スッタニパータ』中村元訳（1984）、岩波書店
松原泰道（2003）『遺教経に学ぶ——釈尊最後の教え』大法輪閣
角田幸彦（2001）『キケロ』清水書院
シュテファン・シュミットハイニー（1992）『チェンジングコース——持続可能な開発への挑戦』ダイヤモンド社
エルンスト・ウルリッヒ・フォン・バイツゼッカー、ハンター・ロビンズ、エイモリー・ロビンズ（1998）『ファクター4——豊かさを2倍に、資源消費を半分に』省エネルギーセンター
フリードリッヒ・シュミットブレーク（1997）『ファクター10——エコ効率革命を実現する』シュプリンガーフェアラーク東京
エルンスト・ウルリッヒ・フォン・バイツゼッカー（2014）『ファクター5——エネルギー効率の5倍向上をめざすイノベーションと経済的方策』明石書店
ジェレミー・リフキン（2015）『限界費用ゼロ社会——〈モノのインターネット〉と共有型経済の台頭』NHK出版
環境危機時計 http://www.af-info.or.jp/questionnaire/clock.html
環境省（2014）「環境にやさしいライフスタイル実態調査」
環境省（2014）「地方公共団体の取組についてのアンケート調査報告書」

名古屋大学（2014）平成23年度環境省環境経済の政策研究「自立的地域経済・雇用創出のためのCO_2大幅削減方策とその評価手法に関する研究」最終研究報告書
名古屋大学（2008）環境省地球環境研究総合推進費研究成果報告書『低炭素型都市づくり施策の効果とその評価に関する研究』
名古屋大学（2007）平成18年度経済産業省委託「地域省エネ型リユース促進事業エコマネー活用型リユース容器導入促進」報告書
名古屋大学（2008）平成19年度内閣官房都市再生本部全国都市再生モデル調査事業「名古屋市における放置自転車再使用型コミュニティサイクル『名チャリ』導入可能性調査」報告書
名古屋大学（2014）日独国際シンポジウム「日独自治体エネルギーシフト戦略～地域からの挑戦～」報告書
名古屋大学（2014）平成26年度環境省環境研究総合推進費「『レジリエントシティ政策モデル』の開発とその実装化に関する研究」委託業務報告書
平田清明（1969）『市民社会と社会主義』岩波書店
溝渕健一（2011）「乗用車のリバウンド効果:マイクロパネルデータによる推定」『環境経済・政策研究』Vol.4, No.1, pp. 32-40

日本語以外

Umweltbundesamt (2013) *Treibhausgasneutrales Deutschland im Jahr 2050.*
Wuppertal-Institut für Klima Umwelt Energie (2006) *Fair Future — Begrenzte Ressourcen und Globale Gerechtigkeit*, Beck.
Wuppertal Institute for Climate, Environment and Energy (2009) *A Green New Deal for Europe-Towards green modernization in the face of crisis.*
Kommission Sichere Energieversorgung (2011) *Deutschlands Energie Wende — Ein Gemeinshafts Werk fuer die Zukunft*, Ethik Berlin, den 30. Mai 2011.
Bundesministerium für Umwelt, Naturschutz und Reaktorsicherheit (BMU)

(2011) *Umweltwirtschaftsbericht 2011-Daten und Fakten für Deutschland*, September.

Holger Rogall, Hans Christoph Binswanger, et al. (2011) *Jahrbuch Nachhaltige Ökonomie 2011/2012 im Brennpunkt: Wachstum*, Metropolis Verlag.

Bundesministerium für Umwelt, Naturschutz und Reaktorsicherheit (BMU) (2012) *GreenTech made in Germany 3.0 Umwelttechnologie — Atlas für Deutschland.*

Hans-Werner Sinn (2012) *Das grüne Paradoxon: Plädoyer für eine Illusionsfreie Klimapolitik*, Ullstein Taschenbuch.

Bundesverband der Deutschen Industrie und Bundesministerium für Umwelt, Naturschutz und Reaktorsicherheit (BMU) (2012) *Memorandum für eine Green Economy — Eine gemeinsame Initiative des*, BDI und BMU.

Manfred Linz, Peter Bartelmus, Peter Hennicke, Renate Jungkeit, Wolfgang Sachs, Gerhard, Scherhorn, Georg Wilke, Uta von Winterfeld (2002) *Von nichts zu viel: Suffizienz gehört zur Zukunftsfähigkeit*, Wuppertal Papers.

UK Energy Research centre (2007) *The Rebound Effect:an assessment of the evidence for economy-wide energy savings from improved energy efficiency.*

Uwe Schneidewind, Angelika Zahrnt (2014) *The Politics of Sufficiency — Making It Easier to Live the Good life*, Oekom Verlag.

Manfred Linz (2015), *Suffizienz als politische Praxis — Ein Katalog —*, Wuppertal Speziel 149.

竹内恒夫（たけうち・つねお）

名古屋大学大学院環境学研究科教授。1954年愛知県生まれ。名古屋大学経済学部卒業。1977年～2006年環境庁・環境省。「エコ」関連施策、地球温暖化政策、廃棄物リサイクル政策などを担当。2006年から現職。

著書に『環境構造改革――ドイツの経験から』（リサイクル文化社、2004年）、『「環境と福祉」の統合』（共著、有斐閣、2008年）、『社会環境学の世界』（共編著、日本評論社、2010年）、『環境――持続可能な経済システム』（共著、勁草書房、2010年）、『低炭素都市――これからのまちづくり』（共著、学芸出版社、2010年）、『水の環境学』（共著、名古屋大学出版会、2011年）、『二つの温暖化――地球温暖化とヒートアイランド』（共著、成山道書店、2012年）、『地域からはじまる低炭素・エネルギー政策の実践』（共著、ぎょうせい、2014年）ほか。

www.shimizukobundo.com

地域環境戦略としての充足型社会システムへの転換

発　　行　2016年 4月 28日
著　　者　竹内恒夫

発 行 者　礒貝日月
発 行 所　株式会社清水弘文堂書房
住　　所　東京都目黒区大橋 1-3-7-207
電話番号　03-3770-1922
F　A　X　03-6680-8464
E メール　mail @ shimizukobundo.com
ウ　ェ　ブ　http://shimizukobundo.com/

印 刷 所　モリモト印刷株式会社

落丁・乱丁本はおとりかえいたします。

ISBN4-87950-622-1 C0030

Printed in Japan.

編集協力　渡辺　工
装丁　深浦一将（bandicoot）
DTP　中里修作